跟着名师学电脑

PowerPoint 应用入门实例

丁爱萍　主编

西安电子科技大学出版社

内 容 简 介

本书选取与日常生活密切相关的实例，以通俗易懂的方式，详细介绍 PowerPoint 2010 的相关知识。主要内容包括 PowerPoint 演示文稿的建立、格式设置、艺术字、图片、SmartArt 图形、图表、动画、主题、母版、超链接、放映等。

本书可作为各种电脑培训班的教材或参考书，也可供希望尽快掌握 PowerPoint 2010 办公软件的电脑初学者使用。

图书在版编目(CIP)数据

跟着名师学电脑：PowerPoint 应用入门实例/丁爱萍主编. —西安：

西安电子科技大学出版社，2015.2(2018.12 重印)

ISBN 978–7–5606–3577–4

Ⅰ. ① 跟…　　Ⅱ. ① 丁…　　Ⅲ. ① 图形软件—教材　　Ⅳ. ① TP391.41

中国版本图书馆 CIP 数据核字(2015)第 022256 号

策　　划　马乐惠

责任编辑　马武装　马乐惠

出版发行　西安电子科技大学出版社（西安市太白南路 2 号）

电　　话　(029)88242885　88201467　　邮　编　710071

网　　址　www.xduph.com　　　　电子邮箱　xdupfxb001@163.com

经　　销　新华书店

印刷单位　三河市腾飞印务有限公司

版　　次　2015 年 2 月第 1 版　　2018 年 12 月第 2 次印刷

开　　本　787 毫米×1092 毫米　1/16　印张　15.5

字　　数　364 千字

印　　数　3001～13 000 册

定　　价　30.00 元

ISBN 978 – 7 – 5606 – 3577 – 4 / TP

XDUP 3869001–2

前　言

随着社会信息化的不断普及，计算机已经成为人们工作、学习和日常生活不可或缺的工具，而计算机的操作水平也成为衡量一个人综合素质的重要标准之一。为了让普通读者跟上科技时代的步伐，与时俱进，了解、掌握常用的计算机知识，我们总结了多位计算机名师的经验，精心编写了这套"跟着名师学电脑"系列图书。

本书的特色：

1. 从零开始，循序渐进

读者不需要有计算机使用基础，只要会开关计算机，就可以通过本书的学习掌握PowerPoint 办公软件的应用技术。

2. 一步一图，快速上手

本书全部采用图示的方式，每一个操作步骤均配有对应的插图和注释，并对图片进行大量的剪切、拼合、加工，以便读者在学习中能够直观清晰地看到操作的过程和效果，阅读体验轻松、学习轻松自如。

3. 紧贴实际，实例学习

本书内容的选取以"源于生活、归于生活"为准则，关注学习情境的创设，尽量选择与社区群众生活及工作有关的素材，以体现学以致用的思想；设计上充分考虑初学者的认知规律和学习特点，理论上做到"精讲、少讲"，操作上做到"仿练、精练"，强调知识技能的体验和培养。

4. 系统全面，超值实用

本书提供若干个实例，通过实例分析、设计过程讲解 PowerPoint 2010 演示文稿制作和放映的应用方法。每章穿插大量提示、扩展、技巧等小贴士，构筑面向实际应用的知识和技能体系。本书实例丰富、技巧众多、实用性强，可随学随用，显著提高工作效率。在传授知识的同时，本书着重教会读者学习的方法，使读者能够巧学活用。

本书适合希望尽快掌握 PowerPoint 2010 办公软件的电脑初学者使用，也可作为各种电脑培训班的教材或参考书。

本书由丁爱萍主编，参加编写工作的有关天柱、高欣、张校慧、麻德娟、龚西城、胡峰、李美嫦、马志伟、李群生等。由于作者水平有限，书中不足之处敬请读者批评指正。

作　者

2014 年 5 月

目　录

第 1 篇　PowerPoint 2010 入门体验

第 2 篇 幻灯片的美化和编排

第3篇　综合应用

第1篇

PowerPoint 2010 入门体验

PowerPoint 是目前最流行、应用最广泛的演示文稿制作软件之一，使用 PowerPoint 可以制作通知、简历、电子贺卡、电子课件等各类演示文稿。

本篇内容：
实例 1　制作社区辩论赛活动通知
实例 2　制作社区体检通知
实例 3　制作中秋节电子贺卡
实例 4　制作电子相册
实例 5　制作社区人口调查情况汇总
实例 6　制作消防标志

通过以上 6 个实例，读者将学会 PowerPoint 演示文稿的基本编辑和打印输出等工作，包括：

1. 启动和退出 PowerPoint。
2. 新建和保存文档。
3. 打开和关闭文档。
4. 在文档中输入和编辑文本。
5. 进行页面设置。
6. 设置字符格式和段落格式。
7. 设置项目符号和自动编号。
8. 插入图片、艺术字、图形等。
9. 插入表格、图表、音乐等。
10. 绘制自选图形。
11. 打印文档。

实例 1　制作社区辩论赛活动通知

☞ 学习情境

　　小李是幸福里社区的工作人员。为了丰富居民的业余生活，近期社区将开展"幸福里社区居民辩论赛"活动，今天社区辩论赛组委会撰写了《幸福里社区居民辩论赛活动通知》，希望小李把该流程制作成演示文稿，并显示在社区的 LED 大屏幕中。

☞ 编排效果

幸福里社区居民辩论赛 *活动通知* 7月2日	**活动目的** 　　为了丰富社区居民的业余生活，活跃社区氛围，展现社区居民积极向上的精神面貌，幸福里社区特开展此次居民辩论赛活动，希望广大居民踊跃报名参加。
辩论题目 **正方**　　　　　　**反方** • 男性更需要关怀　　• 女性更需要关怀 　－ 工作压力太大　　　－ 家庭琐事繁重 　－ 人际关系复杂　　　－ 缺乏倾诉对象 　－ 社会应酬太多　　　－ 女性心理敏感	**参赛要求** 　1. 凡本社区居民均可报名参赛，报名以小组为单位，成员自由结合。 　2. 准时到达比赛现场，以利于比赛准备工作的顺利进行。 　3. 赛前做好准备工作，以便在比赛中发挥出最高水平。 　4. 遵守比赛纪律及比赛规则，服从工作人员安排，尊重评委评判。 　5. 在观众提问阶段，观众所提问题要与辩题相关，不得故意刁难辩手。

☞ 掌握技能

　　通过本实例，将学会以下技能：
- 启动 PowerPoint。
- 熟悉 PowerPoint 工作界面。
- 设置文字格式。
- 设置段落格式。
- 保存并退出 PowerPoint。

»☞ 启动 PowerPoint 2010

PowerPoint 2010 是 Microsoft(微软)公司推出的办公软件，是 Office 2010 组件之一。安装好 Office 2010 后，即可启动 PowerPoint 2010 对文档进行编辑。

1. 在 Windows 7 桌面上，单击任务栏左侧的"开始"按钮。

2. 在弹出的"开始"菜单中，单击"所有程序"项。

如果"开始"菜单左侧的最近使用的程序区中有 Microsoft PowerPoint 2010，则可单击其来启动。

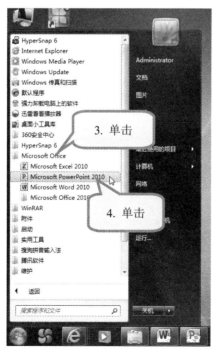

3. 在"所有程序"组中，单击"Microsoft Office"，打开下拉列表。

4. 单击"Microsoft PowerPoint 2010"项。

如果桌面有 PowerPoint 2010 的快捷方式图标，可双击之启动。

»☞ 认识 PowerPoint 工作界面

启动 PowerPoint 程序就打开了 PowerPoint 窗口，同时，新建了名为"演示文稿1"的空文档。这个窗口就是 PowerPoint 的工作界面。

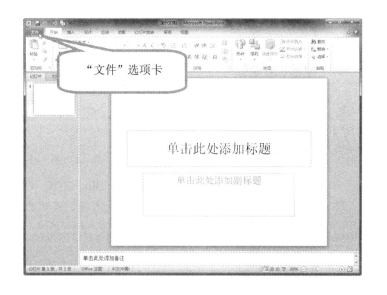

单击"文件"选项卡，在打开的面板中可以进行新建、打开、保存文档等操作。

»☞ 插入新幻灯片

对于新建的演示文稿,默认只有一张标题幻灯片,可以通过"新建幻灯片"按钮添加多张不同版式的幻灯片。

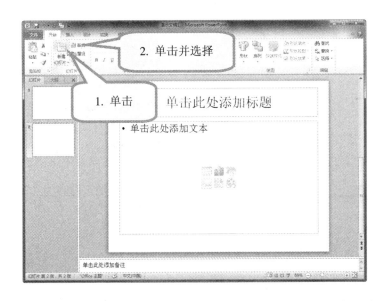

1. 单击"开始"选项卡→ "新建幻灯片"按钮, 系统将自动产生一张 "标题和内容"幻灯片。

2. 如果对"标题和内容" 版式不满意,可以单击 "版式"按钮,从中更 改幻灯片的版式。

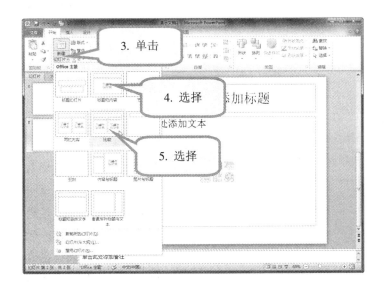

3. 单击"新建幻灯片"按 钮旁边的下拉箭头。

4. 选择"标题和内容"版 式,添加第3张幻灯片。

5. 选择"比较"版式,添 加第4张幻灯片。

»☞ 输入文本

　　和 Word 不同，PowerPoint 演示文稿中每张幻灯片都包含有若干个类似于文本框的占位符，单击占位符即可添加文本、图片、表格、图表等内容。

1. 单击 Windows 桌面右下角的输入法指示器 ⌨，选择一种中文输入法。

2. 利用汉字输入法输入"幸福里社区居民辩论赛活动通知"主标题。

3. 输入副标题，内容为"7 月 2 日"。

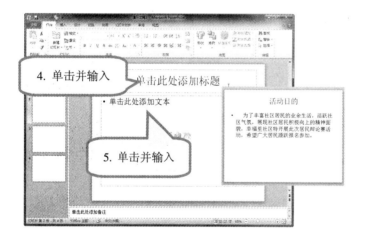

4. 在第 2 张幻灯片标题栏中，输入"活动目的"。

5. 在正文处输入文本，为了美观可在第一行首字前键入若干空格。

🔊 占位符是 PPT(幻灯片)中用于输入文字或插入内容的场所，根据需要可更改占位符的大小。输入完成后单击占位符外的任意位置即可取消占位符的选中状态。

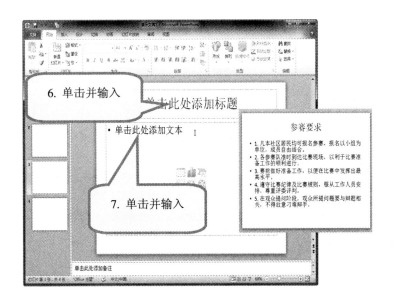

6. 在第 3 张幻灯片标题栏中，输入"参赛要求"。

7. 在正文处输入文本。

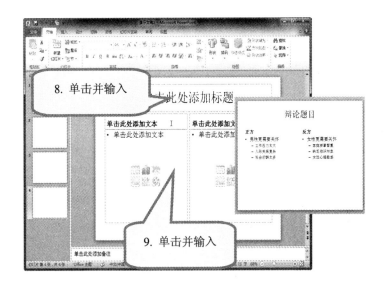

8. 在第 4 张幻灯片标题栏中，输入"辩论题目"。

9. 在正文处输入正方、反方观点以及各方观点的支持论点。输入支持论点时，可以按"Tab"键使文本增加缩进量。

»☞ 取消项目符号

在占位符中输入文本内容时，PowerPoint 会自动为每段文本添加项目符号。为了使文本格式更加美观，有时需要取消系统自动添加的项目符号。

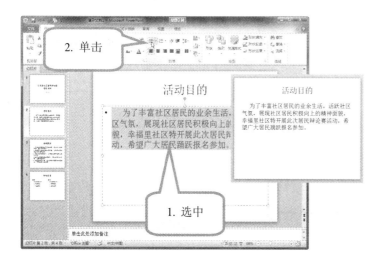

1. 在第 2 张幻灯片中，拖动鼠标选中正文。

2. 单击"开始"选项卡→"段落"组→"项目符号"按钮，取消自动添加的项目符号。

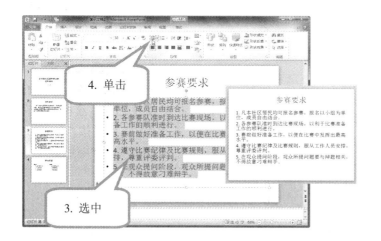

3. 在第 3 张幻灯片中，拖动鼠标选中正文。

4. 单击"开始"选项卡→"段落"组→"项目符号"按钮，取消自动添加的项目符号。

»☞ 改变幻灯片顺序

　　小李分别在 4 张幻灯片中输入文本内容后，发现第 3 张和第 4 张幻灯片的顺序有些不妥，想要把两张幻灯片的顺序调换一下。

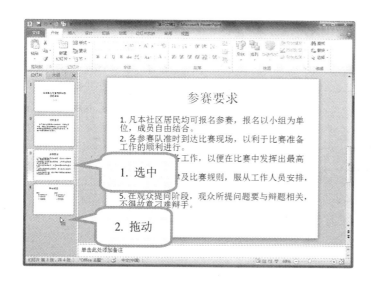

1. 选中第 3 张幻灯片。

2. 按住鼠标左键不放，将其拖到第 4 张幻灯片之后松开，这样两张幻灯片的顺序就互换了。

🔊　如果演示文稿内包含的幻灯片数量较少，可以采用拖动的方法来改变幻灯片的顺序。如果幻灯片数量很多，最好使用剪切法来实现。

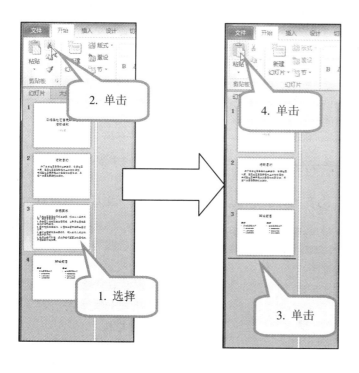

1. 选择第 3 张幻灯片。

2. 单击"开始"选项卡→"剪贴板"组→"剪切"按钮。

3. 剪切完后，原来的第 4 张幻灯片此时变成了第 3 张。在该幻灯片后单击鼠标定位。

4. 单击"粘贴"按钮，刚才被剪切掉的幻灯片就变成了第 4 张。

»☞ 修改文本

在输入文本时，可能会因为操作失误，导致文本内容出现错误，此时应对出错的文本进行修改。

> 为了丰富社区居民的业余生活，活跃社区气氛，展现社区居民积极向上的精神面貌，幸福里社区特开展此次居民辩论赛活动，希望广大居民踊跃报名参加。
>
> 1. 选择

1. 将鼠标指针移至需要选择的文本前，按住鼠标左键不放并拖动到需要选择的文本末尾处，松开鼠标。

> 为了丰富社区居民的业余生活，活跃社区氛围，展现社区居民积极向上的精神面貌，幸福里社区特开展此次居民辩论赛活动，希望广大居民踊跃报名参加。
>
> 2. 输入

2. 直接输入正确的文本。

> 1. 凡本社区居民均可报名参赛，报名以小组为单位，成员自由结合。
> 2. 各参赛队准时到达比赛现场，以利于比赛准备工作的顺利进行。
> 3. 赛前做好准备工作，以便在比赛中发挥出最高水平。
>
> 3. 单击

3. 将插入点定位在需要修改的文本后。

4. 按"BackSpace"键将文本删除。

> 1. 凡本社区居民均可报名参赛，报名以小组为单位，成员自由结合。
> 2. 准时到达比赛现场，以利于比赛准备工作的顺利进行。
> 3. 赛前做好准备工作，以便在比赛中发挥出最高水平。
>
> 4. 按"BackSpace"键

PowerPoint 有"插入"和"改写"两种输入状态。默认为"插入"状态，此时输入文本，其后的文本将自动向后移；在"改写"状态下，输入的文本将替换其后的文本。

»☞ 设置文字格式

只是简单地输入和修改文字会使演示文稿显得很单调，为了使整套演示文稿美观生动，还需要对幻灯片进行格式化，使其更加美观，如设置字体大小以更清晰地呈现文档的层次结构。

1. 在第 1 张标题幻灯片中，拖动鼠标选中主标题文字。

2. 在"开始"选项卡→"字体"组中，单击"字体"框右端的箭头。

3. 在"字体"下拉列表中，选择"华文行楷"。

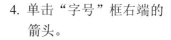 在设置文本的字体或字号之前，一定要先选中相应的文本，否则设定的样式只对当前插入点所在位置的字符有效。

4. 单击"字号"框右端的箭头。

5. 在"字号"下拉列表中，选择"54"。

6. 按照前面修改字体的方法，分别将第 2、3、4 张幻灯片的标题文字改为"微软雅黑"。

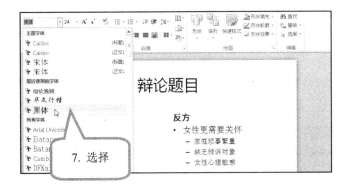

7. 在第 3 张幻灯片中，分别将"正方"和"反方"的字体改为"黑体"。

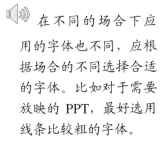在不同的场合下应用的字体也不同，应根据场合的不同选择合适的字体。比如对于需要放映的 PPT，最好选用线条比较粗的字体。

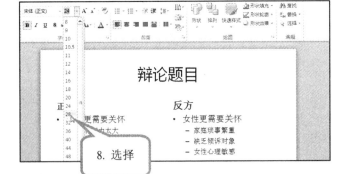

8. 在第 3 张幻灯片中，分别将"正方"和"反方"的字号改为"28"。

不同字体在不同字号大小和间距下，表现出的效果不相同，字号应尽量设置为 16 号以上。

»☞ 设置段落缩进

设置段落缩进可使文本变得工整，从而清晰地表现出文本层次。

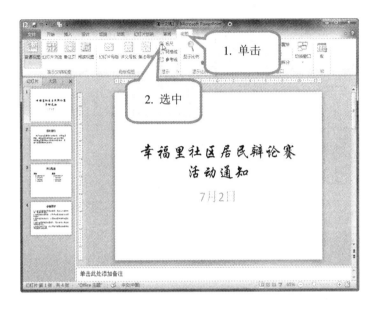

1. 如果标尺没有显示，则单击"视图"选项卡。

2. 在"视图"选项卡→"显示"组中，选中"标尺"复选框。

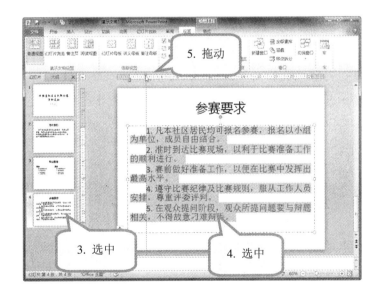

3. 在幻灯片窗格中，选中第4张幻灯片。

4. 用鼠标拖动方式选中正文的5段文字。

5. 拖动标尺中的"首行缩进"滑块到"2"处，设置段落首行缩进两个字符。

»☞ 设置段落对齐方式

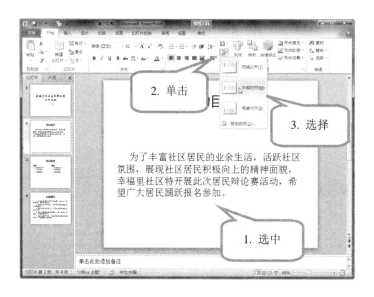

1. 在第 2 张幻灯片中，拖动鼠标选中正文。

2. 单击"开始"选项卡→"段落"组→"对齐文本"按钮。

3. 在下拉列表中，选择"中部对齐"，使正文在垂直方向居中显示。

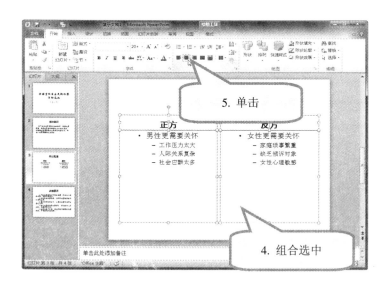

4. 在第 3 张幻灯片中，按住键盘"Ctrl"键，鼠标依次选中 4 个文本框。

5. 单击"开始"选项卡→"段落"组→"居中"按钮，4 个文本框中的文字将同时在各自文本框内水平方向居中显示。

»☞ 设置段落行距

1. 选中第 2 张幻灯片中的正文。

2. 单击"开始"选项卡→"段落"组→"行距"按钮。

3. 在下拉列表中,选择1.5 倍行距。

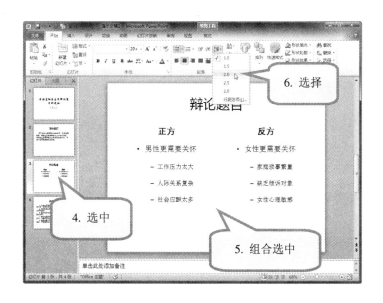

4. 选中第 3 张幻灯片。

5. 按住键盘"Ctrl"键,用鼠标依次选中"正方"和"反方"2 个文本框。

6. 单击"开始"选项卡→"段落"组→"行距"按钮,从中选择 2.0 倍行距。

»☞ 保存文档

在 PowerPoint 中，新建或编辑文档后可以将文档保存起来。

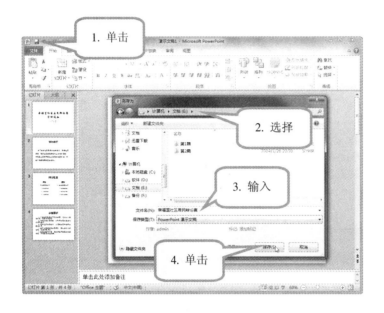

1. 在"快速访问工具栏"上，单击"保存"按钮。

2. 在"另存为"对话框的地址栏中，选择文档的保存位置。

3. 在"文件名"框中，输入文件名，其他设置保持默认。

4. 单击"保存"按钮。

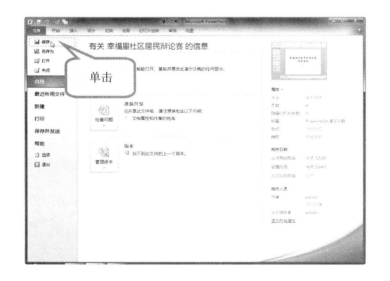

在"文件"选项卡中，单击"保存"或"另存为"命令，也可以打开"另存为"对话框。

»☞ 关闭和退出 PowerPoint

编辑完文档后，如果不使用 PowerPoint 了，可以退出 PowerPoint。退出 PowerPoint 的方法常用 3 种。

方法一：

　单击 PowerPoint 窗口右上角的"关闭"按钮。

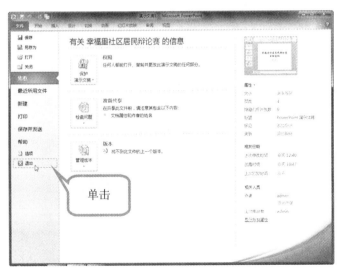

方法二：

　单击"文件"选项卡→"退出"命令。

方法三：

　在快捷访问工具栏中，单击 P 图标按钮，在打开的下列菜单中，选择"关闭"命令。

实例 2　制作社区体检通知

☞ 学习情境

　　小张是新华社区的工作人员，今天接到了市卫生局的通知，为推动"国家基本公共卫生服务规范"的落实，近期新华社区将组织辖区内居民参加免费体检。为此小张制作了《新华社区居民健康体检通知》演示文稿，并把该演示文稿显示在社区的 LED 公告屏幕中。

　　通知涉及内容如下：

　　1. 体检通知　　2. 体检时间及地点　　3. 体检项目　　4. 体检注意事项

☞ 编排效果

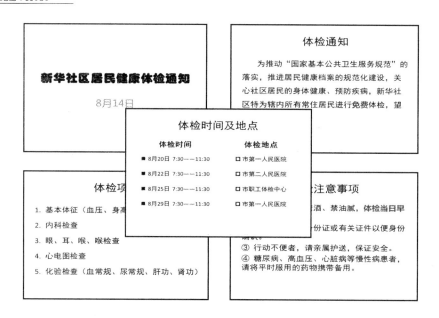

☞ 掌握技能

　　通过本实例，将学会以下技能：

- 新建演示文稿。
- 设置项目符号和编号。
- 插入符号。
- 使用格式刷。
- 替换字体和嵌入字体。
- 保护演示文稿。

»☞ 新建演示文稿

在实际使用过程中，除了可以通过 Windows "开始" 菜单运行 PowerPoint 外，最常用的方法，是通过鼠标右键菜单新建 PowerPoint 演示文稿来进行幻灯片的制作。

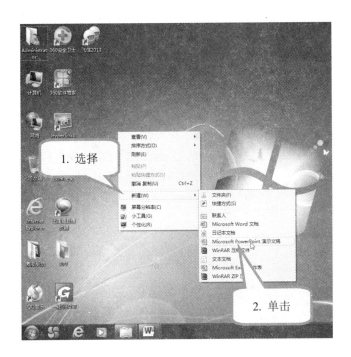

1. 在 Windows 7 桌面上，单击鼠标右键，在弹出菜单中，选择 "新建" 命令。

2. 在弹出的 "新建" 子菜单中，单击 "Microsoft PowerPoint 演示文稿" 项。

除了 "桌面" 位置以外，还可以在硬盘分区中的任意位置通过鼠标右键菜单新建 PPT 演示文稿。

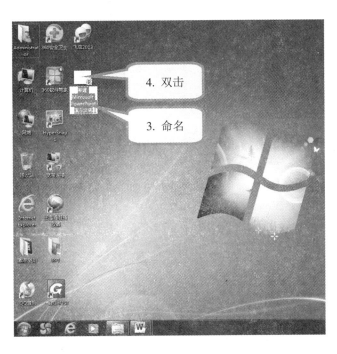

3. "桌面" 位置自动生成新的 PPT 演示文稿快捷图标，输入文件名并敲击键盘 "Enter" 键确定。

4. 双击演示文稿快捷图标，启动 PowerPoint。

单击演示文稿快捷图标，敲击键盘 "F2" 键，可以为演示文稿重命名。

»☞ 制作标题幻灯片

新建演示文稿默认生成的第一张幻灯片为标题幻灯片，该幻灯片中包含了"主标题"和"副标题"，用来突出演示文稿中内容的主题，可以单击占位符输入标题内容。

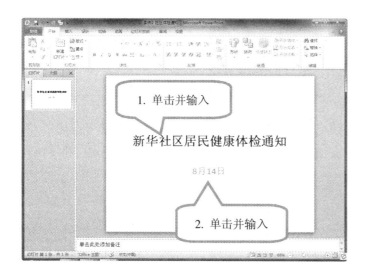

1. 单击主标题占位符，输入"新华社区居民健康体检通知"。

2. 单击副标题占位符，输入日期"8 月 14 日"。

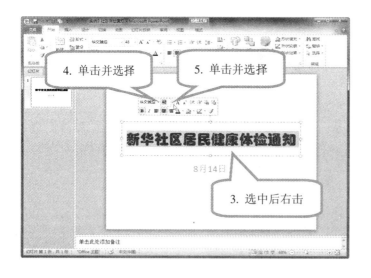

3. 按住鼠标左键不放，拖动鼠标选中主标题文本，然后单击鼠标右键。

4. 在弹出的格式化快捷工具栏中，单击"字体"框右侧箭头，从中选择"华文琥珀"。

5. 单击"字号"框右侧箭头，从中选择"48"号。

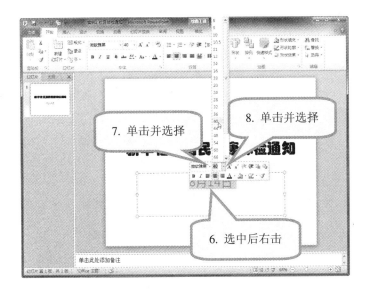

6. 选中副标题文本并单击鼠标右键。

7. 副标题字体设置为"微软雅黑"。

8. 副标题字号设置为"40"号。

在 PowerPoint 中, 既可以通过选项卡中的命令按钮设置对象的格式; 也可以通过选中对象后, 在鼠标右键菜单中进行格式设置。

9. 单击"开始"选项卡→"幻灯片"组→"新建幻灯片"按钮。系统将以默认的"标题和内容"版式创建第 2 张幻灯片。

»☞ 制作第 2 张幻灯片

第 2 张幻灯片的内容为社区居民健康体检的通知文件。该文件由纯文本组成，可通过修改"字体"和"段落"格式使其更加美观。

1. 在标题栏输入"体检通知"。

2. 在正文处输入通知文件的内容。

含有大段文字的幻灯片会大大削弱其表现力，应尽量化繁为简，去除不必要的文本。

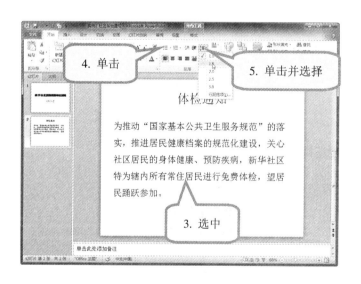

3. 鼠标拖动选中正文文本。

4. 单击"开始"选项卡→"段落"组→"项目符号"按钮，取消自动添加的项目符号。

5. 单击"行距"按钮，选择 1.5 倍行距。

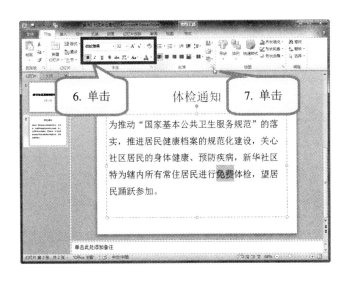

6. 选中正文中"免费"两字，在"开始"选项卡→"字体"组中，为其设置字体为"微软雅黑"、加粗、红色。

7. 单击"段落"组右下角的"功能扩展"按钮，弹出"段落"对话框。

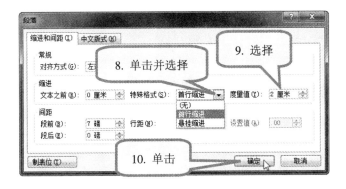

8. 在"段落"对话框中，单击"特殊格式"框右侧箭头，在下拉列表中选择"首行缩进"。

9. 在"度量值"栏中，为首行缩进设置缩进量为"2 厘米"。

10. 单击"确定"按钮。

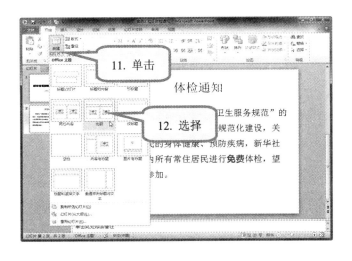

11. 单击"开始"选项卡→"幻灯片"组→"新建幻灯片"按钮。

12. 在下拉列表中，选择"比较"版式，创建第 3 张幻灯片。

»☞ 制作第 3 张幻灯片

第 3 张幻灯片的内容为体检时间及地点安排。采用左右排列的"比较"版式,配合项目符号的使用将会使幻灯片更加美观。

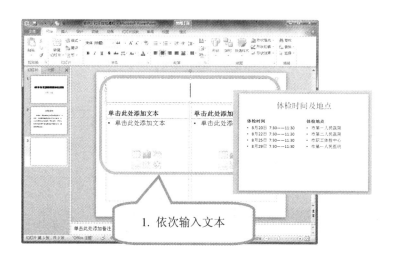

1. 输入标题"体检时间及地点",依次输入正文各部分的文本内容。

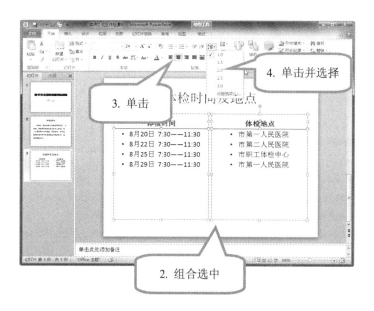

2. 按住"Ctrl"键依次选中正文部分的 4 个文本框。

3. 单击"开始"选项卡→"段落"组→"居中"按钮,使得 4 个文本框中的文本在水平方向居中显示。

4. 单击"开始"选项卡→"段落"组→"行距"按钮,在下拉列表中选择"2.0"倍行距。

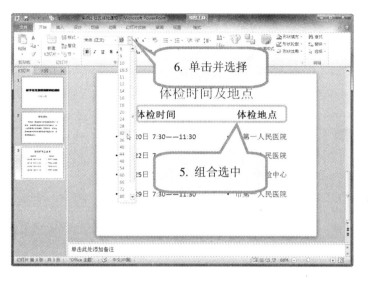

5. 按住"Ctrl"键依次选中 "体检时间"和"体检地点"。

6. 单击"字号"栏右侧箭头，在下拉列表中选择 "32"号。

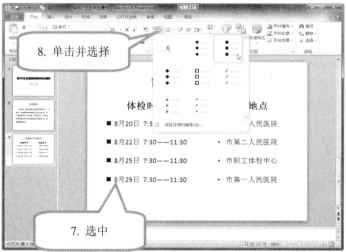

7. 单击选中左侧体检时间正文文本框。

8. 单击"开始"选项卡→ "段落"组→"项目符号"按钮右侧的箭头，在下拉列表中选择"方形实心"项目符号。

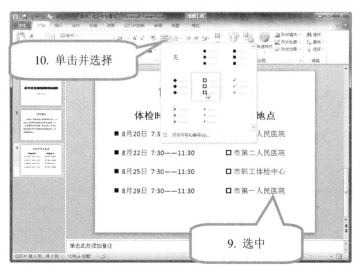

9. 单击选中右侧体检地点正文文本框。

10. 单击"开始"选项卡→ "段落"组中"项目符号"按钮右侧的箭头，在下拉列表中选择"方形空心"项目符号。

»☞ 制作第 4 张幻灯片

第 4 张幻灯片的内容为体检项目。采用"标题和内容"版式，配合项目编号的使用将会使幻灯片更有层次。

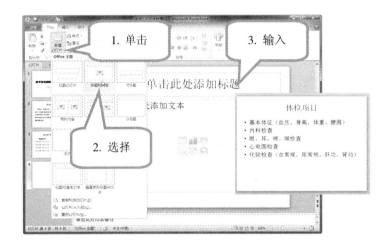

1. 单击"新建幻灯片"按钮。

2. 在下拉列表中，选择"标题和内容"版式，创建第 4 张幻灯片。

3. 在标题栏和正文栏输入文本内容。

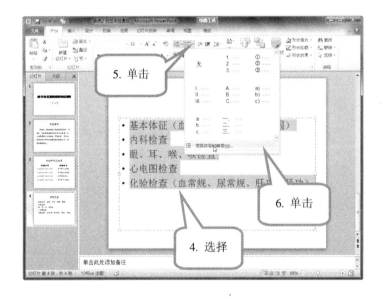

4. 拖动鼠标选中正文内容。

5. 单击"开始"选项卡→"段落"组→"项目编号"按钮右侧的箭头。

6. 在下拉列表中，选择"项目符号和编号"命令，在弹出的对话框中设置项目编号。

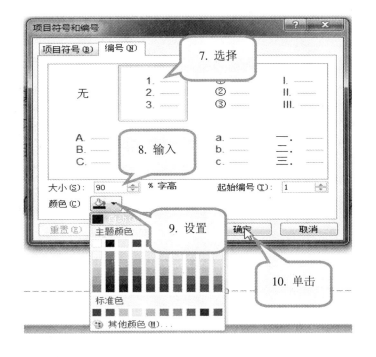

7. 在打开的"项目符号和编号"对话框的"编号"选项卡中，选择阿拉伯数字编号。

8. 在"大小"数值框中输入"90"。

9. 单击颜色按钮，在下拉菜单中选择"黑色，文字 1"选项。

10. 单击"确定"按钮。

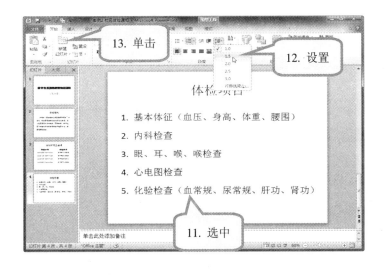

11. 选中正文内容。

12. 设置段落行距为"1.5"倍。

13. 单击"新建幻灯片"按钮，以"标题和内容"模板创建第 5 张幻灯片。

»☞ 制作第 5 张幻灯片

第 5 张幻灯片的内容为体检注意事项，其中正文使用插入符号代替项目符号。

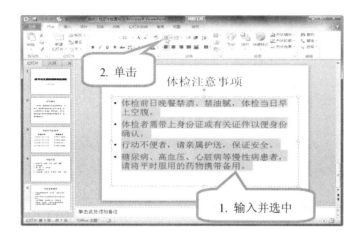

1. 在标题栏中输入"体检注意事项"，在正文栏输入文本内容，并拖动鼠标选中正文。

2. 单击"项目符号"按钮，取消正文自动添加的项目符号。

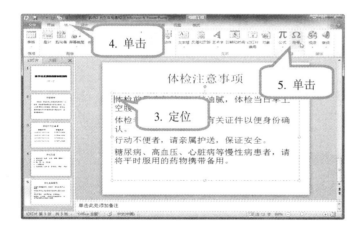

3. 将插入点定位在需要插入符号的位置。

4. 单击"插入"选项卡。

5. 单击"符号"按钮，弹出"符号"对话框。

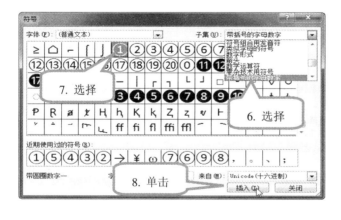

6. 在"子集"列表框中，选择"带括号的字母数字"。

7. 单击选择符号"①"。

8. 单击"插入"按钮。参照上述方法，依次插入其余符号。

»☞ 使用格式刷复制格式

在制作幻灯片的过程中，经常会遇到前后内容格式一致的情况，如果对每个内容对象进行一遍相同的格式设置将会大大增加工作量，可以采用格式刷复制一个对象的格式，然后将其应用到另一个对象上。

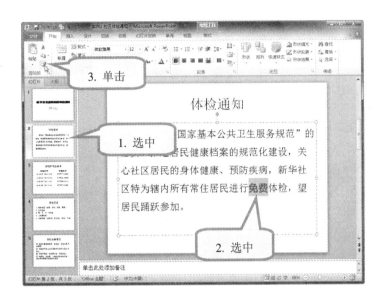

1. 在"幻灯片"窗格中，单击选中第 2 张幻灯片。

2. 拖动鼠标选中需要复制格式的"免费"两字。

3. 单击"开始"选项卡→"剪贴板"组→"格式刷"按钮。

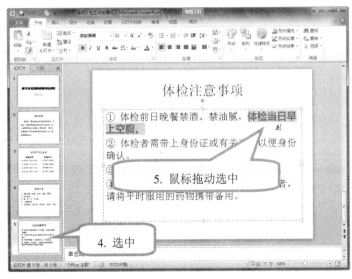

4. 在"幻灯片"窗格中，单击选中第 5 张幻灯片。

5. 按住鼠标左键不放，拖动鼠标选中需要改变格式的"体检当日早上空腹"文本，松开鼠标左键，当前文本的格式发生改变。

🔊 单击"格式刷"按钮，每次只能为一个对象复制格式，双击"格式刷"按钮，则可以为多个对象复制格式。

»☞ 替换字体格式

在制作完成演示文稿后，如果发现其中一些文本使用的字体不适用于放映的场合(一些字体的笔画较细，在放映时会看不清楚)，就需要修改这些文本的字体，但逐一修改会浪费大量时间，这时可以使用 PowerPoint 的文字替换功能轻松解决这个问题。

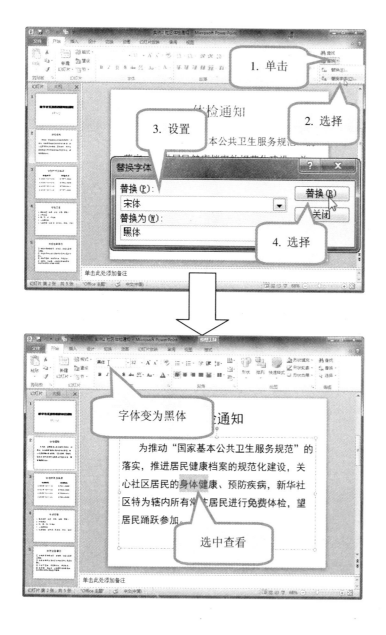

1. 单击"开始"选项卡→"编辑"组→"替换"按钮右侧箭头。

2. 在下拉菜单中选择"替换字体"命令。

3. 在弹出的"替换字体"对话框中，设置替换字体为"宋体"，设置替换为"黑体"。

4. 单击"替换"按钮。

🔊 任意选中幻灯片中原来字体为"宋体"的文本，在字体栏可以看到已经变成了"黑体"。

🔊 在幻灯片需要通过投影进行放映时，幻灯片中的文字最好使用笔画粗细一样的字体，如黑体、微软雅黑、幼圆等。

»☞ 嵌入字体

演示文稿制作完成后，通常需要在其他的电脑上进行播放。如果在制作时用了电脑预设字体以外的字体(如从网上下载安装的新字体)，而这些电脑中没有安装这些字体，那么放映效果将大打折扣，所以在保存文件时需要将这些字体打包嵌入。

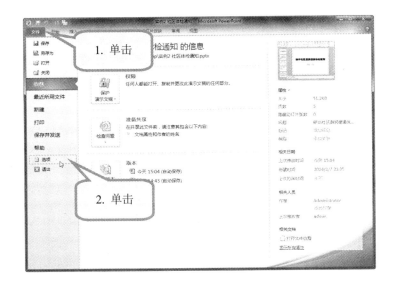

1. 单击"文件"选项卡。

2. 单击"选项"按钮。弹出"PowerPoint 选项"对话框。

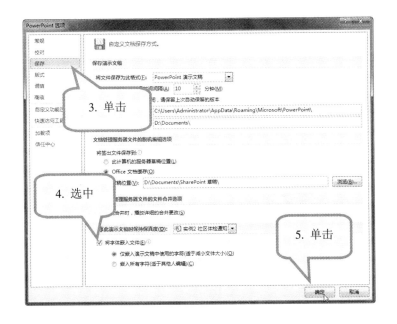

3. 在"PowerPoint 选项"对话框中，单击"保存"选项卡。

4. 选中"将字体嵌入文件"复选框，其他保持默认设置。

5. 单击"确定"按钮。

»☞ 设置演示文稿权限并保存退出

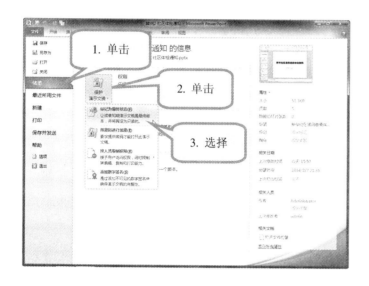

1. 单击"文件"选项卡→"信息"选项卡。

2. 单击"保护演示文稿"按钮。

3. 选择"标记为最终状态"选项。该演示文稿将处于"只读"状态，其他用户只能查看，无权修改其内容。

也可以通过"用密码进行加密"、"按人员设置权限"和"添加数字签名"来增加演示文稿的安全性。

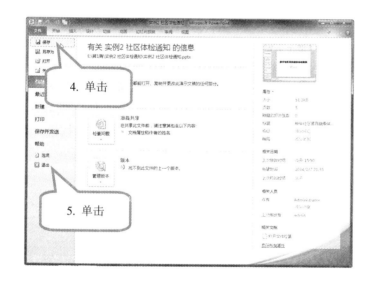

4. 单击"保存"选项保存演示文稿。如需更改保存位置，单击"另存为"选项更改路径保存。

5. 单击"退出"选项，退出 PowerPoint。

实例 3　制作中秋节电子贺卡

☞ 学习情境

　　农历八月十五是中华民族的传统佳节——中秋节。在这一天，家家户户都会团聚在一起，边吃月饼边赏月。小张的姐姐在外地工作，由于工作繁忙，中秋节没办法回家团聚。于是，小张就想利用 PowerPoint 制作一张中秋节电子贺卡发送给远在外地的姐姐，借此表达自己的思念之情。

☞ 编排效果

☞ 掌握技能

　　通过本实例，将学会以下技能：
- 创建 PPT 桌面快捷方式。
- 插入图片。
- 插入艺术字。
- 插入文本框。
- 另存为放映文稿。

»☞ 创建 PowerPoint 桌面快捷方式

用户在安装 Microsoft Office 程序时，可以选择为单个 Office 程序创建桌面快捷方式。如果在安装 Office 时没有创建桌面快捷方式，后面也可以轻松创建。

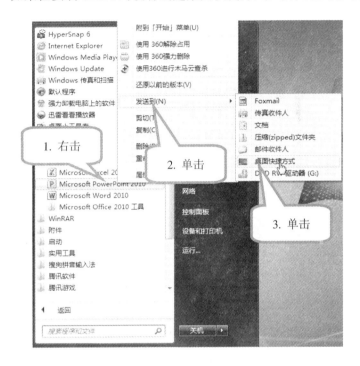

1. 在 Windows 7 "开始" 菜单中，鼠标右键单击 "Microsoft PowerPoint 2010" 项。

2. 在弹出的菜单中，单击 "发送到" 项。

3. 在子菜单中，单击 "桌面快捷方式" 项。桌面会自动生成 PowerPoint 快捷方式图标。

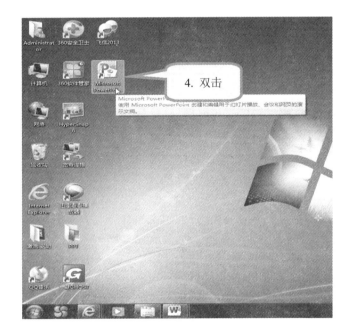

4. 双击桌面 PowerPoint 快捷方式图标，启动应用程序。

🔊 通过 "开始" 菜单启动 PowerPoint 的方法比较麻烦，用户可以在桌面创建 PowerPoint 快捷方式图标。通过双击该图标，可以快速启动 PowerPoint。

»☞ 制作贺卡封面

电子贺卡的封面能起到突出主题、引人入胜的作用，由多张和中秋节相关的图片素材组合而成，不需要加入过多文字内容。

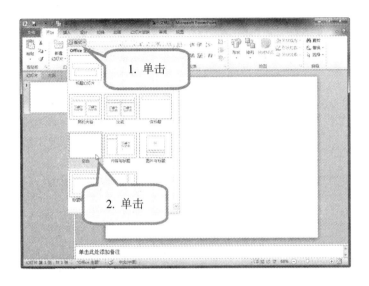

1. 单击"开始"选项卡→"幻灯片"组→"版式"按钮。

2. 在"版式"列表中，单击"空白"版式。

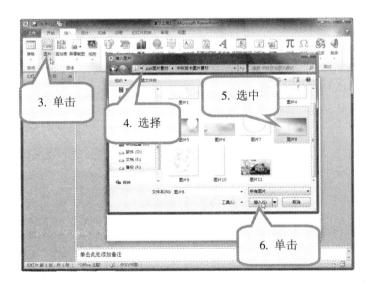

3. 单击"插入"选项卡→"图像"组→"图片"按钮，弹出"插入图片"对话框。

4. 在打开的"插入图片"对话框的地址栏中，选择图片素材所在的位置。

5. 选中需要插入的图片。

6. 单击"插入"按钮。

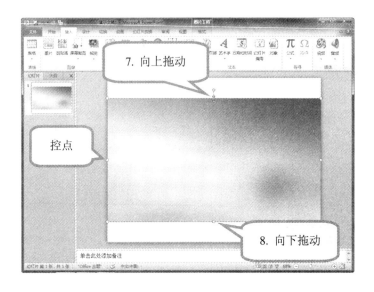

7. 单击选中图片，将鼠标光标移动到图片上面控点处，按住鼠标左键不放，向上移动使图片上边框和幻灯片上边框重合。

8. 单击选中图片，将鼠标移动到图片下面控点处，按住鼠标左键不放，向下移动使图片下边框和幻灯片下边框重合。

插入图片的大小不一定与幻灯片大小一致，可以选中图片并鼠标拖动图片控点调整图片大小。

9. 按照上述插入图片的方法，依次插入"月亮"、"中秋"、"荷花"、"诗词"和"竹叶"等图片素材。

10. 调整各个图片素材的大小和在幻灯片中的摆放位置。

11. 单击"插入"选项卡→
   "插图"组→"形状"
   按钮。

12. 在"形状"列表中,选
   择"矩形"。

13. 按住鼠标左键不放,画
   出矩形。矩形的大小和
   位置以符合封面整体美
   观为准。

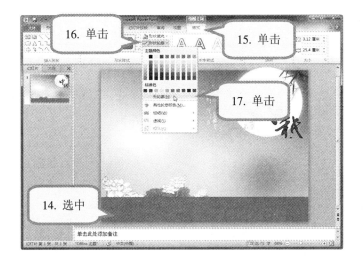

14. 选中画出的矩形。

15. 单击"绘图工具"→"格
   式"选项卡。

16. 在"形状样式"组中,
   单击"形状轮廓"按钮。

17. 单击"无轮廓"项,用
   来取消矩形外边框线。

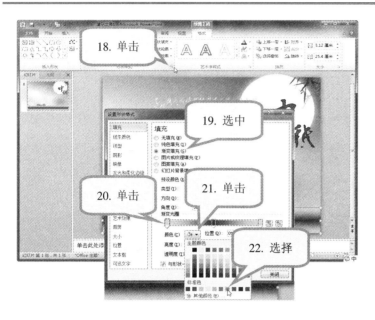

18. 选中画出的矩形，单击"形状样式"组右下角的"功能扩展"按钮，弹出"设置形状格式"对话框。

19. 在"填充"项中，选中"渐变填充"。

20. 在"渐变光圈"轴上，单击设置停止点 1。

21. 单击"颜色"按钮。

22. 在下拉列表中，为停止点 1 选择"浅蓝"。重复上述步骤，设置停止点 2 的颜色为"蓝色 淡色 60%"，停止点 3 的颜色和停止点 1 相同。

23. 在"透明度"项设置所有停止点的透明度均为"30%"。

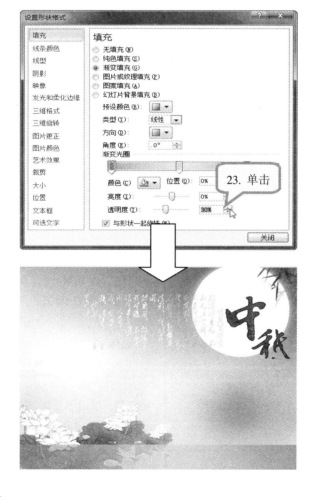

"渐变光圈"用来设置渐变效果，用户可以在渐变轴上自由添加或删除停止点。通过设置每个停止点的颜色、亮度及透明度，达到预期的渐变效果。

»☞ 制作第 2 张幻灯片

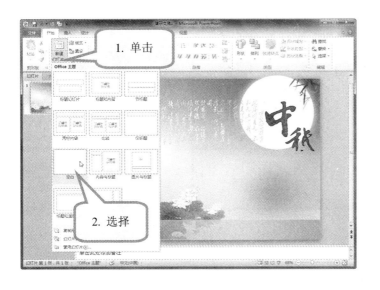

1. 单击"开始"选项卡→
   "幻灯片"组→"新建
   幻灯片"按钮。

2. 在下拉列表中，选择"空
   白"版式，插入第 2 张
   幻灯片。

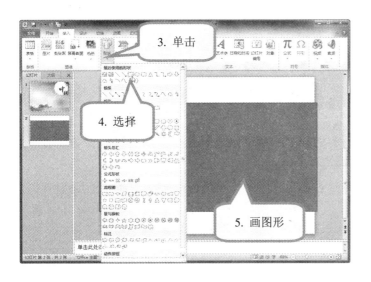

3. 单击"插入"选项卡→
   "插图"组→"形状"
   按钮。

4. 在下拉列表中，单击"矩
   形"。此时，鼠标将变成
   十字形状。

5. 按住鼠标左键不放，拖动
   鼠标画出图示的矩形。

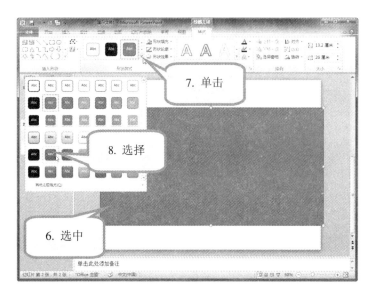

6. 选中插入的矩形。

7. 单击"绘图工具"→"格式"选项卡→"形状样式"组→"其他"按钮。

8. 在弹出的列表框中，单击选择"中等效果-蓝色，强调颜色 1"。

9. 单击"插入"选项卡。

10. 单击"图像"组→"图片"按钮，在弹出对话框中选择需要插入的图片素材。

11. 对插入的图片素材进行大小和位置的调整。

插入幻灯片的图片素材不可能完全合适，大多数都需要经过调整后才能和幻灯片中的其他元素融为一体。调整以符合幻灯片整体美观为原则。

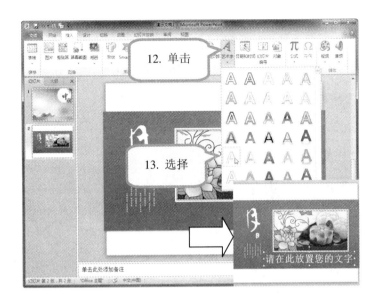

12. 单击"插入"选项卡→
　　 "文本"组→"艺术字"
　　 按钮。

13. 在下拉列表中，选择
　　 "填充-白色，暖色粗糙
　　 棱台"艺术字样式。将
　　 艺术字框拖动到合适的
　　 位置。

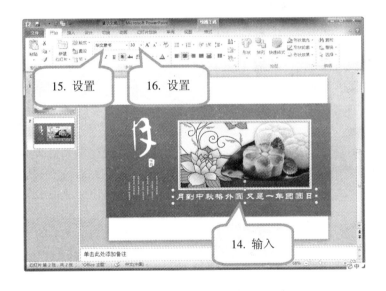

14. 在艺术字框内输入文
　　 本"月到中秋格外圆又
　　 是一年团圆日"。

15. 在"字体"栏中，设置
　　 艺术字字体为"华文隶
　　 书"。

16. 在"字号"栏中，设置
　　 艺术字字号为"30"号，
　　 并单击"加粗"按钮 B 。

　　 "字号"栏的下拉选
　　 项中并没有"30"，可
　　 以使用键盘直接键入
　　 即可。

»☞ 制作第 3 张幻灯片

第 3 张幻灯片的版式为"空白",单击"开始"选项卡→"幻灯片"组→"新建幻灯片"按钮,创建第 3 张幻灯片。

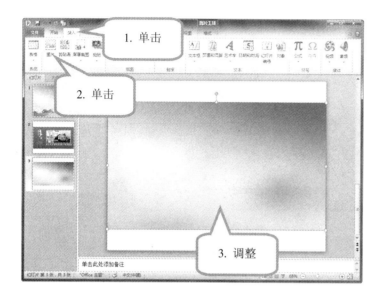

1. 单击"插入"选项卡。

2. 单击"图像"组→"图片"按钮,在弹出对话框中选择需要插入的图片素材。

3. 调整插入图片的大小和位置。

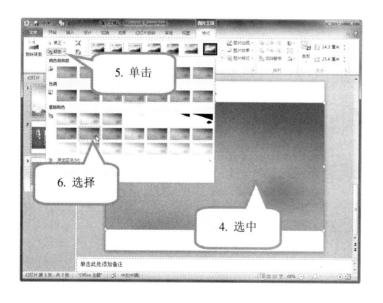

4. 单击鼠标左键,选中插入的图片素材。

5. 单击"图片工具格式"→"调整"组→"颜色"按钮。

6. 在下拉列表的"重新着色"项中,选择"蓝色,强调文字颜色 1 深色"。

🔊 插入的图片可通过"图片工具格式"选项卡中的命令进行各种修改。

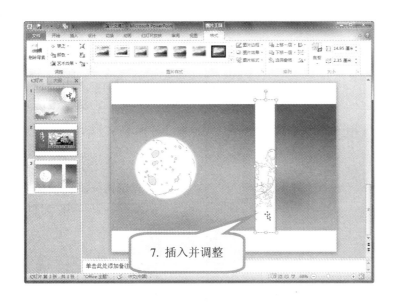

7. 按照上述插入图片素材的方法，依次插入"月亮"和"花纹"两张图片，并调整它们的大小和位置。

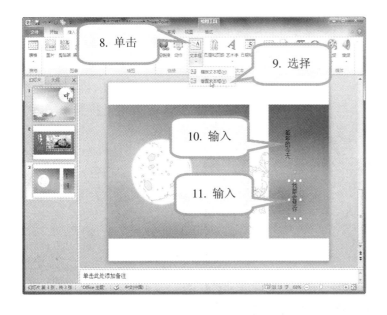

8. 单击"插入"选项卡→"文本"组→"文本框"按钮。

9. 在下拉列表中，选择"垂直文本框"。

10. 按住鼠标左键不放，拖动鼠标画出第 1 个文本框，输入文本"每年的今天"。

11. 重复上述步骤画出第 2 个文本框，输入文本"我都会想你"。

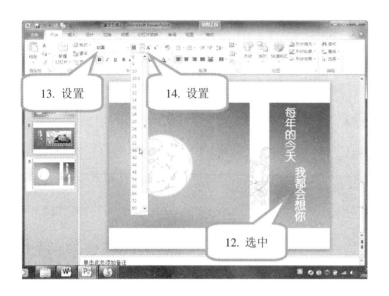

12. 按住键盘"Ctrl"键不放，鼠标左键单击选中两个文本框。

13. 在"字体"栏中，设置文本框内文字的字体为"幼圆"，并单击"加粗"按钮。

14. 在"字号"栏中，设置文本的字号为"36"号。

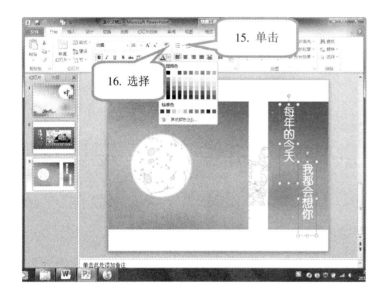

15. 单击"字体颜色"按钮右侧的下拉箭头。

16. 在下拉列表中，为文本选择"白色，背景1"。

»☞ 制作第 4 张幻灯片

第 4 张幻灯片的版式为"空白"，单击"开始"选项卡→"幻灯片"组→"新建幻灯片"按钮，创建第 3 张幻灯片。

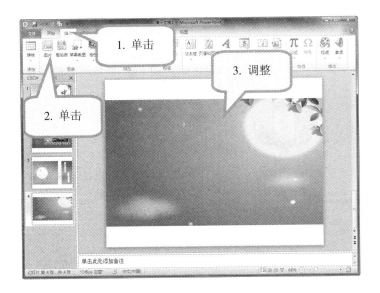

1. 单击"插入"选项卡。

2. 单击"图像"组→"图片"按钮，在弹出对话框中选择需要插入的图片素材。

3. 调整插入图片的大小和位置。

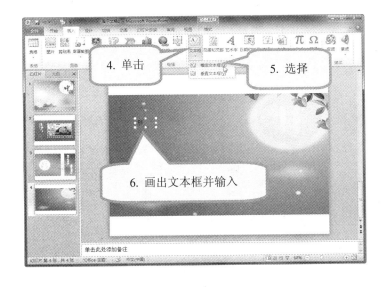

4. 单击"插入"选项卡→"文本"组→"文本框"按钮。

5. 在下拉列表中，选择"横排文本框"。

6. 按住鼠标左键不放，拖动鼠标画出文本框，并在文本框中输入文本"别"。

7. 单击文本框的边框，来选中文本框。

8. 同时按住键盘的"Ctrl"+"C"键复制选中的文本框。复制后，按住键盘"Ctrl"+"V"键将复制的文本框粘贴在任意位置。

9. 按照上述方法复制多个文本框，并更改各文本框中的文本。

　　选中要复制的对象后，按住键盘上的"Ctrl"键并用鼠标拖动该对象，也可以实现复制的功能。

10. 选中文本框，并分别设置各文本框中文字的字体、字号和颜色。

11. 选中文本框，将鼠标放置在文本框的绿色控点上，此时鼠标变成环形。按住鼠标左键不放，拖动鼠标可以改变文本框的方向。

12. 插入一张"月饼"的素材图片，并调整其大小和位置。

»☞ 制作第5张幻灯片

通过"开始"选项卡→"新建幻灯片"命令，插入版式为"空白"的第 5 张幻灯片。
通过"插入"选项卡→"图片"命令，在该幻灯片中插入背景图片，并调整大小和位置。

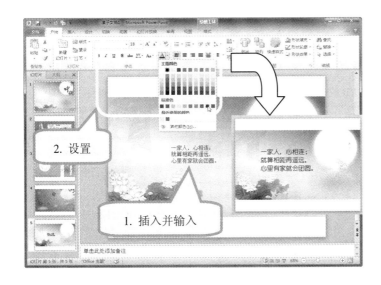

1. 插入横排文本框，并输入文本"一家人，心相连；就算相距再遥远，心里有家就会团圆。"。

2. 在"开始"选项卡→"字体"组中，设置文本框中的文字格式。字体为"幼圆"，字号为"36"，字体颜色为"深蓝"。

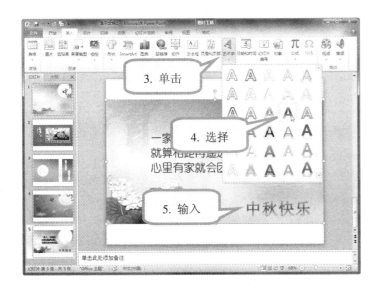

3. 单击"插入"选项卡→"文本"组→"艺术字"按钮。

4. 在下拉列表中，选择"渐变填充-蓝色，强调文字颜色 1"项。

5. 在艺术字框中输入文本"中秋快乐"。

»☞ 保存为放映文稿

通常情况下，制作好的演示文稿只有当计算机中安装有 PowerPoint 软件时才能正常打开。如果小张把做好的电子贺卡发送给姐姐，而姐姐的计算机中没有安装 PowerPoint，那么小张的姐姐就无法看到小张制作的电子贺卡。为了避免这种情况发生，小张可以将演示文稿另存为放映文稿，即使计算机中没有 PPT 软件也可以观看。

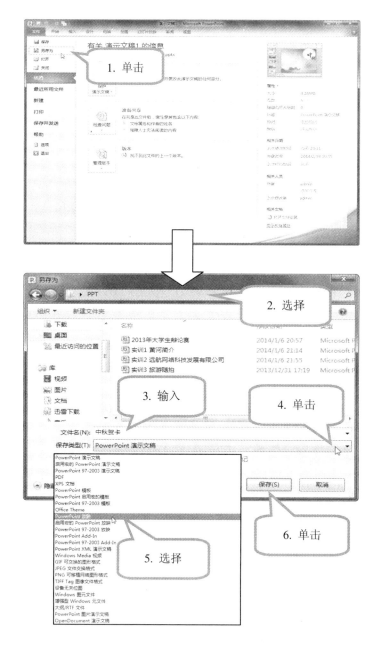

1. 单击"文件"选项卡→"另存为"选项卡。

　演示文稿的保存格式为.pptx，而放映文稿的保存格式为.ppsx。

2. 在"另存为"对话框中，选择保存位置。

3. 输入文件名称。

4. 单击"保存类型"下拉箭头。

5. 在下拉列表中，选择"PowerPoint 放映"项。

6. 单击"保存"按钮。

实例 4 制作电子相册

☞ **学习情境**

最近，小李利用单位年假的时间和家人一起出国去旅行，旅行期间拍摄了很多令人心旷神怡的风景照片。小李想把数码照片冲洗出来，可传统的纸质相片不易长期保存，如果存储在计算机中，也只能一张张点击静态观赏。于是，小李想通过 PPT 把这些数码相片制作成视频电子相册，这样便可以使数码照片动态播放，不仅便于长期保存，也方便和朋友分享。

☞ **编排效果**

☞ **掌握技能**

通过本实例，将学会以下技能：

- 创建相册。
- 设置幻灯片页面。
- 在表格中插入图片。
- 简单图片、表格及文本框格式化。
- 插入背景音乐。
- 输出视频。

»☞ 启动 PowerPoint

1. 在 Windows 7 桌面上单击任务栏左侧的"开始"按钮。

2. 在弹出的"开始"菜单中，单击"所有程序"项。

3. 在"所有程序"组中，单击"Microsoft Office"，打开下拉列表。

4. 单击"Microsoft PowerPoint 2010"项。

»☞ 创建相册

PowerPoint 2010 为用户提供了"相册"功能，用户可以一次性将计算机中的多张电子相片直接以相册的形式插入到演示文稿中。通过对相册中的照片进行一些修改，可以使电子相册更加的生动美观。

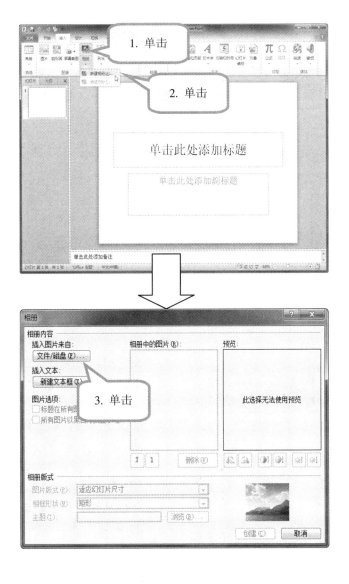

1. 单击"插入"选项卡→"图像"组→"相册"按钮。

2. 在下拉列表中，单击"新建相册"项，弹出"相册"对话框。

3. 在"相册"对话框中，单击"文件/磁盘"按钮，弹出"插入新图片"对话框。

🔊 "相册"对话框中的"相册内容"项包含 2 项内容：插入图片和插入文本。前者用来插入相册中的图片；后者用来插入注释用的文本框。

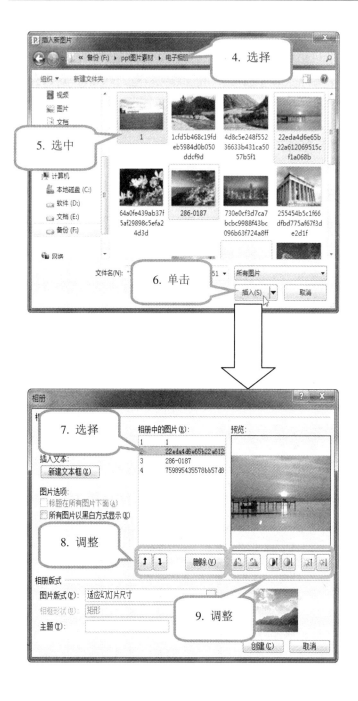

4. 在"插入新图片"对话框的地址栏中，选择电子照片所在的位置。

5. 选中需要插入的照片。

6. 单击"插入"按钮，返回"相册"对话框。

7. 在"相册中的图片"选择框中，任意选中一张图片，可在右侧的"预览"窗口中查看该图片的效果。

8. 单击图片位置调整按钮 ⬆ 和 ⬇，可以更改选中图片在相册中的前后位置；单击"删除"按钮，可以从相册中删除选中的图片。

9. 通过"预览"窗口下方的图片调整按钮，可以对图片进行旋转、亮度和对比度的设置。

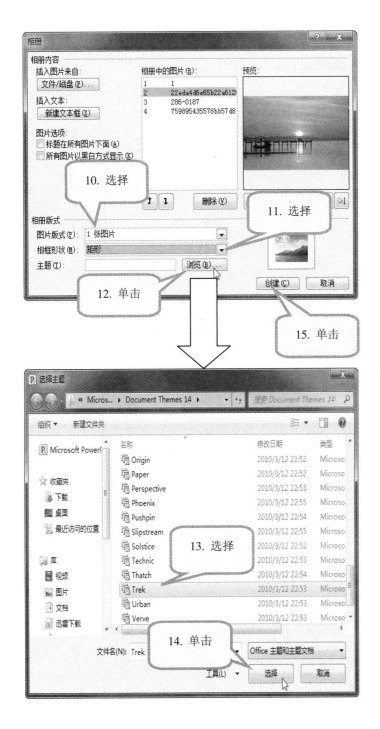

10. 单击"图片版式"框右侧下拉箭头，在下拉列表中选择"1 张图片"。

11. 单击"相框形状"框右侧下拉箭头，在下拉列表中选择"矩形"。

12. 单击"浏览"按钮，弹出"选择主题"对话框。

13. 在"选择主题"对话框中，选中一个主题。

14. 单击"选择"按钮，返回"相册"对话框。

15. 单击"创建"按钮，完成相册的创建。

"主题"可以使演示文稿内的所有幻灯片风格统一。"主题"包括 PowerPoint 内置主题和网络上下载的主题。

»☞ 设置幻灯片页面

为了使电子相册在播放时，相册内各种元素排列的相得益彰，能与幻灯片页面本身完美结合在一起，应对幻灯片进行页面设置。

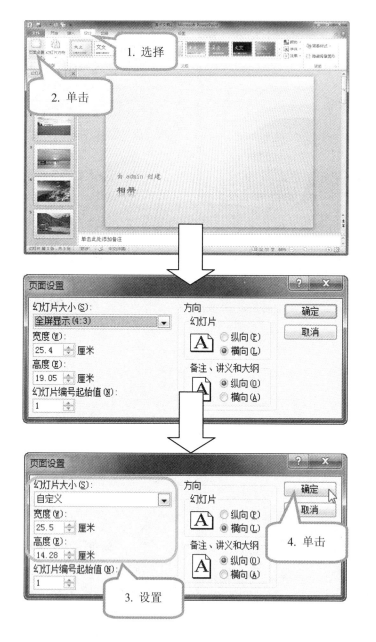

1. 单击"设计"选项卡。

2. 单击"页面设置"组→"页面设置"按钮。

在"页面设置"对话框中，在"幻灯片大小"框内，可以设置幻灯片采用何种纸张，幻灯片的宽度和高度会根据选择纸张的不同自动更改。

3. 在打开的"页面设置"对话框的"幻灯片大小"下拉列表框中选择"自定义"，设置幻灯片宽度为 25.5 厘米，高度为 14.28 厘米。

4. 单击"确定"按钮。

»☞ 美化相册封面

　　默认生成的相册封面过于单调，可以通过插入一些图片元素，使得相册封面不仅生动美观，而且可以起到相册内容总览的作用。

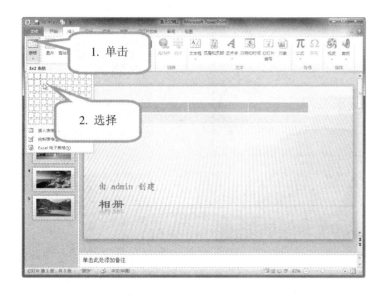

1. 单击"插入"选项卡→"表格"按钮。

2. 在"插入表格"下拉框中，拖动鼠标选择插入表格的行数和列数，单击鼠标左键确定。系统将自动在幻灯片中插入一个表格。

3. 单击插入表格的边框选中该表格。

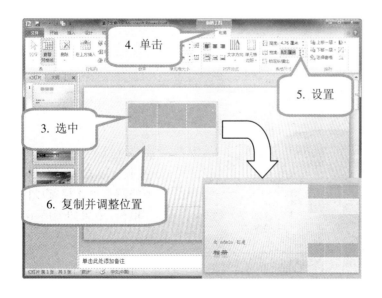

4. 单击"表格工具"→"布局"选项卡。

5. 在"表格尺寸"组中，设置表格的高度为 4.76 厘米，宽度为 8.5 厘米。

6. 复制该表格，并将两个表格摆放到幻灯片的右侧。

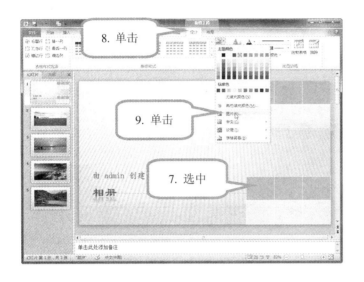

7. 单击选中表格中的任一单元格。

8. 单击"表格工具设计"选项卡。

9. 单击"表格样式"组→"底纹"按钮右侧的下拉箭头，从中选择"图片"项。

10. 在打开的"插入图片"对话框中，在地址栏中选择图片素材的位置。

11. 选择要插入的图片。

12. 单击"插入"按钮，将该图片插入到所选单元格中。

13. 按照上述方法，将表格中的所有单元格都以图片填充，效果如图所示。

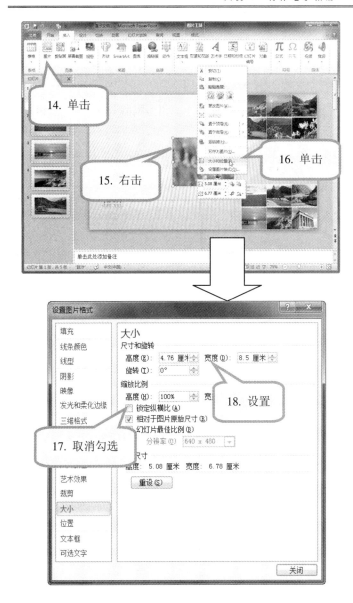

14. 单击"插入"选项卡→"图片"按钮。在打开的"插入新图片"对话框中，选择要插入的图片。

15. 选中插入的图片，单击鼠标右键。

16. 在弹出的快捷菜单中，选择"大小和位置"项。

17. 在打开的"设置图片格式"对话框中，在"大小"项内，取消"锁定纵横比"选项的勾选状态。

18. 设置图片的高度为 4.76 厘米，宽度为 8.5 厘米。

如果不取消"锁定纵横比"选项的勾选状态，在设置高度或宽度值时，另一项的值会自动随之变化。

19. 将设置好的图片拖动到合适的位置。

　　在相册封面中，系统自动生成了主标题和副标题，用户可以修改文字内容和格式。为了使封面整体美观大方，可以摒弃原有的标题文本框，改用艺术字来表现。

1. 删除原有主标题和副标题文本框，单击"插入"选项卡→"艺术字"按钮。

2. 在下拉列表中，选择"填充-褐色，强调文字颜色 2，粗糙棱台"艺术字样式。

3. 在艺术字文本框中输入文本，并调整艺术字文本框在幻灯片中的位置。

　　在插入艺术字时，艺术字样式列表中的艺术字配色会根据幻灯片背景色自动适应，避免了用户设置的艺术字颜色和背景色不协调的问题。

4. 选择"渐变填充-橙色，文字强调颜色 1"艺术字样式，插入副标题。

5. 在"开始"选项卡中，设置副标题文字大小为28，并调整其在幻灯片中的位置。

»☞ 调整相册内图片的大小

在创建相册时，选择了每张幻灯片中放置 1 张图片，这些图片以原始尺寸在幻灯片内居中摆放。可以修改这些图片的尺寸，为下一步的美化工作打基础，从而增加相册在放映时的美感。

1. 在第 2 张幻灯片中，鼠标单击选中插入的图片。

2. 按住鼠标左键不放，拖动图片上下左右的控点调整图片的大小，使其在幻灯片内全屏。

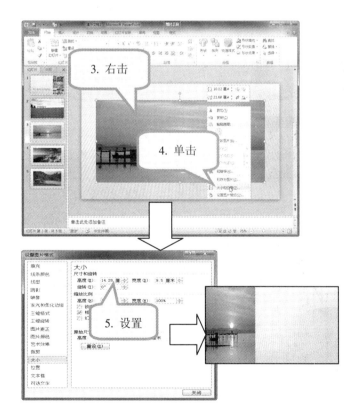

3. 在第 3 张幻灯片中，鼠标右击图片。

4. 在快捷菜单中，单击"大小和位置"项。

5. 在"设置图片格式"对话框的"大小"项中，设置图片的高度为14.28 厘米，宽度为 9.5厘米。

🔊 采用设定图片高度和宽度值来调整图片大小的方法，比拖动控点调整图片大小的方法更加精确。

6. 在第 4 张幻灯片中，选中插入的图片。

7. 按住鼠标左键不放，拖动图片上下左右的控点调整图片的大小，使其在幻灯片内全屏。

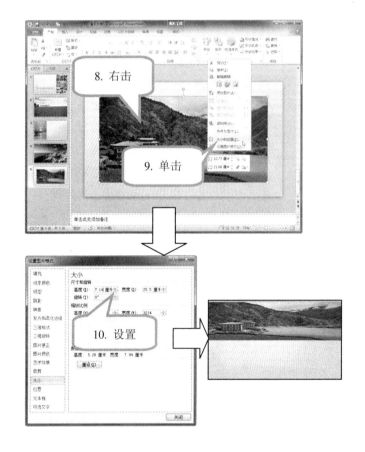

8. 在第 5 张幻灯片中，鼠标右击图片。

9. 在弹出的快捷菜单中，单击"大小和位置"项。

10. 在"设置图片格式"对话框的"大小"项中，设置图片的高度为 7.14 厘米，宽度为 25.5 厘米。将调整好的图片拖动到幻灯片内合适的位置。

»☞ 美化相册内的幻灯片

　　如果相册内的幻灯片都以全景图片展示出来难免有些单调，可以适当加入一些其他元素来增加幻灯片的整体美感。

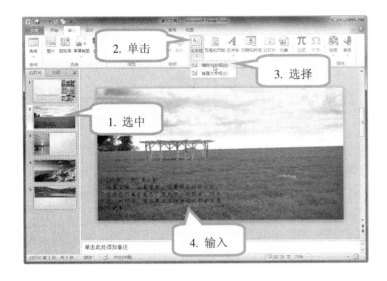

1. 选中第 2 张幻灯片。

2. 单击"插入"选项卡→"文本框"按钮。

3. 在下拉列表中，选择"横排文本框"项。

4. 插入文本框并输入文本内容。

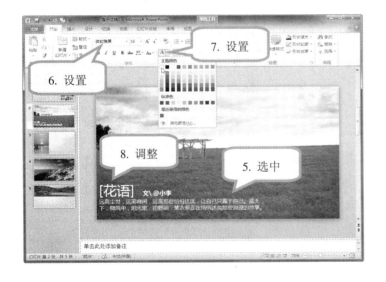

5. 单击文本框边框，选中文本框。

6. 在"开始"选项卡→"字体"组中，设置文本框中的文字字体为"微软雅黑"。

7. 设置文本框中的文字颜色为"白色"。

8. 设置"[花语]"的字号为 40 号，"文\@小李"为 18 号，正文部分为 16 号。调整文本框大小，使得正文分 2 行排列。

给文本框添加一个比背景图片颜色稍深的半透明底色，会使整个文本框的效果更加的鲜明。

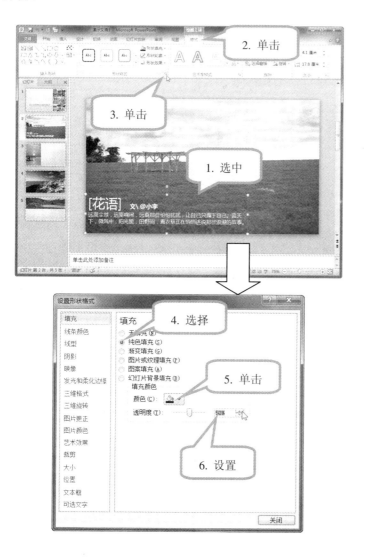

1. 选中文本框。

2. 单击"绘图工具"→"格式"选项卡。

3. 单击"形状样式"组右下角的"功能扩展"按钮，弹出"设置形状格式"对话框。

4. 在"设置形状格式"对话框中，选择"填充"项内的"纯色填充"。

5. 单击"填充颜色"按钮，在下拉列表中选择"黑色"。

6. 设置透明度为"50%"。

7. 将设置好的文本框拖动到幻灯片中的合适位置。

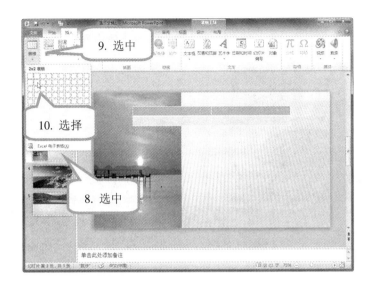

8. 选中第 3 张幻灯片。

9. 单击"插入"选项卡→
   "表格"按钮。

10. 在"插入表格"框中，
    鼠标拖动选择插入表格
    的行数和列数。

11. 按照前述向单元格内
    插入图片的方法，依次
    在 4 个单元格内插入
    图片。

12. 选中表格，单击"表格
    工具"→"布局"按钮。

13. 设置表格的高度为
    "14.28"厘米，宽度为
    "16"厘米。将调整后
    的表格拖动到幻灯片右
    侧空白区域。

14. 选中第 4 张幻灯片。

15. 按照前述插入文本框的方法，在幻灯片中插入 3 个文本框，并分别输入文本内容。

16. 分别设置 3 个文本框中文字的格式。字体均为"华文行楷"，字号分别为"44"、"20"和"16"。

17. 调整3个文本框的位置。

18. 按住"Ctrl"键不放，依次选中 3 个文本框，单击鼠标右键。

19. 在弹出的快捷菜单中，单击"组合"项→"组合"命令，使 3 个文本框融为一体。

🔊 组合文本框的目的是为了防止由于软件版本问题造成的某一文本框位置发生变化，影响整体效果。

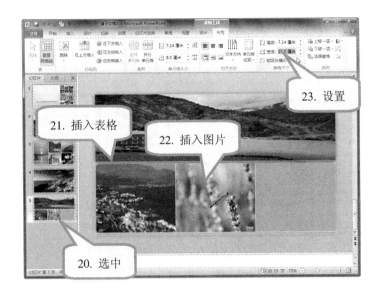

20. 选中第 5 张幻灯片。

21. 插入一个 1 行 3 列的表格。

22. 分别在第 1、2 个单元格内插入图片。

23. 调整表格高度为"7.14"厘米，宽度为"25.5"厘米。将调整好的表格拖动到幻灯片下方空白位置。

24. 在表格的最右侧单元格内输入文本"谢谢观看"，并选中该文本。

25. 单击"表格工具"→"设计"选项卡→"快速样式"按钮。

26. 在下拉列表中，选择一种艺术字样式。

27. 单击"文本填充"按钮右侧的下拉箭头，选择"红色"填充效果。

28. 在"开始"选项卡中，调整文本大小为"80"，并在单元格内"居中"显示。

»☞ 插入背景音乐

　　为了丰富观众的视听，使电子相册变得有声有色，可以为相册插入背景音乐。通过对插入的背景音乐进行简单的设置，就可以使电子相册在播放时，背景音乐始终贯穿其中。

1. 选择第 1 张幻灯片。

2. 单击"插入"选项卡→"媒体"组→"音频"按钮。

3. 在弹出的下拉列表中，选择"文件中的音频"命令。

4. 在打开"插入音频"对话框中，在地址栏中查找音频文件的位置。

5. 选择要插入的音频文件。

6. 单击"插入"按钮。

　　PowerPoint 可以插入自带的音频、外部的音频和麦克风录音。

插入音频文件后，单击喇叭图标下方播放工具栏中的 ▶ 按钮可以试听插入的声音。

将鼠标指针移至喇叭图标上，当鼠标光标变为十字箭头时，按住鼠标左键不放，将喇叭图标拖动至幻灯片以外的地方。

将喇叭图标拖动到幻灯片以外的地方，可以使幻灯片在放映时不显示喇叭图标。

7. 选中插入的音频文件喇叭图标。

8. 单击"音频工具"→"播放"选项卡→"开始"右侧的下拉箭头，并在下拉列表中选择"跨幻灯片播放"项。

9. 选中"循环播放，直到停止"项。

»☞ 将电子相册输出为视频

电子相册制作好之后，可以将它输出为 Windows Midea 视频格式。视频格式的电子相册可以在多种设备上播放，并且有利于和他人分享。

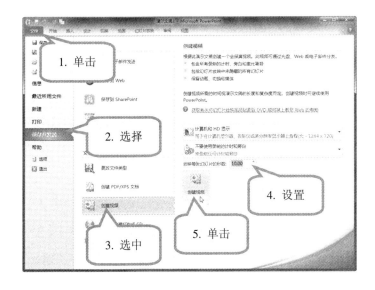

1. 单击"文件"选项卡。

2. 选择"保存并发送"项。

3. 在"保存并发送"项中，选中"创建视频"选项。

4. 设置视频中每张幻灯片的播放时长。

5. 单击"创建视频"按钮。

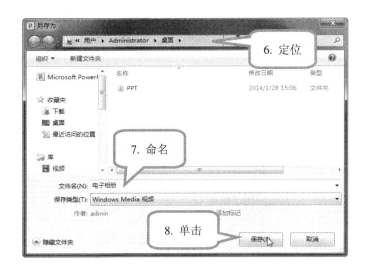

6. 在打开的"另存为"对话框中，在地址栏中选择输出视频的保存位置。

7. 为输出视频命名。

8. 单击"保存"按钮。

实例 5 制作社区人口调查情况汇总

☞ 学习情境

　　小李是岭南社区的工作人员，社区最近正在按照上级要求，开展人口调查活动。调查内容包括：社区结构组成，人口总数及男女比例，新生儿数量及死亡人口数量。领导要求小李将调查结果进行汇总，以便向上级部门汇报。

☞ 编排效果

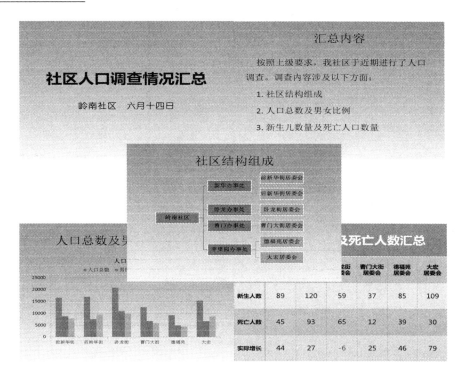

☞ 掌握技能

　　通过本实例，将学会以下技能：

- 插入组织结构图、图表和表格。
- 组织结构图、图表和表格的简单格式化。
- 设置幻灯片背景。
- 切换幻灯片视图模式。
- 打包演示文稿。

»☞ 新建演示文稿

在桌面新建一个 PowerPoint 演示文稿，并将其命名为"社区人口调查"。

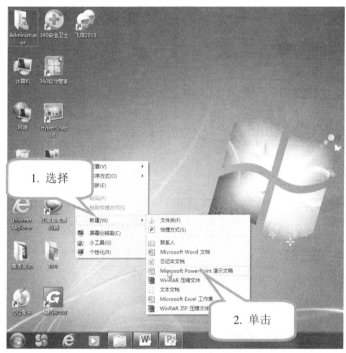

1. 在 Windows 7 桌面上，单击鼠标右键，在弹出的菜单中，选择"新建"命令。

2. 在弹出的"新建"子菜单中，单击"Microsoft PowerPoint 演示文稿"项。

3. "桌面"位置自动生成新的 PPT 演示文稿快捷图标，输入文件名并敲击键盘"Enter"键确定。

4. 双击演示文稿快捷图标，启动 PowerPoint。

»☞ 制作标题幻灯片

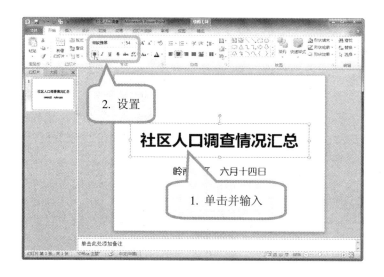

1. 单击主标题占位符，输入"社区人口调查情况汇总"。

2. 选中主标题文本，并在"开始"选项卡→"字体"组中，设置主标题文字格式。其中，字体为"微软雅黑"、字号为"54"、"加粗"。

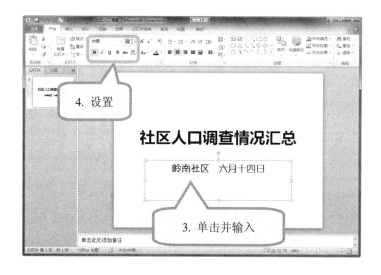

3. 单击副标题占位符，输入文本内容"岭南社区六月十四日"。

4. 选中副标题文本，并在"开始"选项卡→"字体"组中，设置副标题文字格式。其中，字体为"幼圆"、字号为"32"、"加粗"。

»☞ 制作第 2 张幻灯片

第 2 张幻灯片为"汇总内容"，用纯文本的形式列出了演示文稿内所有的调查结果汇总，起到了目录的作用。

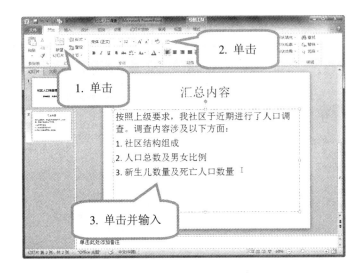

1. 单击"开始"选项卡中的"新建幻灯片"按钮，插入版式为"标题和内容"的第 2 张幻灯片。

2. 选中正文文本框，单击"段落"组→"项目符号"按钮，取消自动添加的项目符号。

3. 在标题栏中输入"汇总内容"，在正文处输入文本。

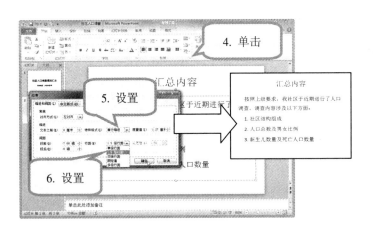

4. 单击"段落"组右下角的"功能扩展"按钮。

5. 在"段落"对话框中，设置特殊格式为"首行缩进"，度量值为"1.27"厘米。

6. 设置正文行距为"1.5 倍行距"。

»☞ 制作第 3 张幻灯片(使用组织结构图)

第 3 张幻灯片的内容为"社区结构组成"。社区是由多个居委会组成的，具有层次性，使用组织结构图来表示能使人一目了然地了解组织内各个部分的关系，同时使幻灯片充满吸引力。

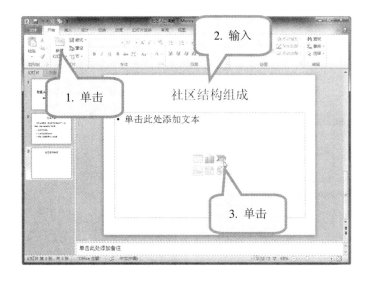

1. 单击"新建幻灯片"按钮，创建第 3 张幻灯片，版式为"标题和内容"。

2. 在标题栏中输入"社区结构组成"。

3. 单击内容工具栏中的"插入 SmartArt 图形"按钮。

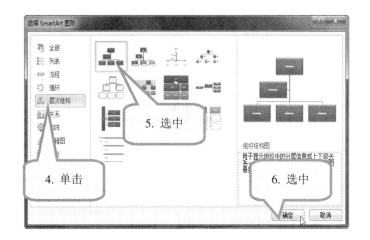

4. 在打开的"选择 SmartArt 图形"对话框中，单击"层次结构"选项卡。

5. 选中"组织结构图"项。

6. 单击"确定"按钮。

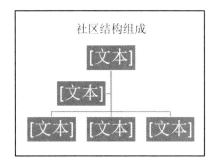

组织结构图的应用十分广泛，在企业、单位中可以直观地表现企业、组织部门或人员的结构。

默认插入的组织结构图不一定跟实际结构相吻合，可以根据具体情况，对结构图中的文本框进行适当的添加和删除。

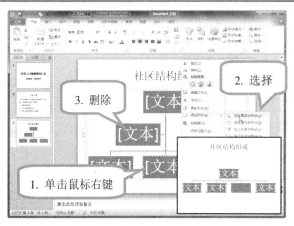

1. 选择第 3 排的任意一个文本框，单击鼠标右键。

2. 在弹出的菜单中，选择"添加形状"→"在后面添加形状"命令。

3. 删除第 2 排和实际情况不符的文本框。

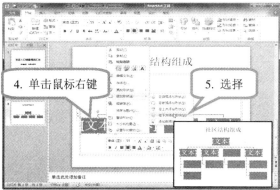

4. 选择第 2 排的第一个文本框，单击鼠标右键。

5. 在弹出的菜单中，选择"添加形状"→"在下方添加形状"命令。依次为第2排的其余3个文本框添加下级文本框。

PowerPoint 中插入的组织结构图都不包含文本，需要制作者根据实际情况手动输入。

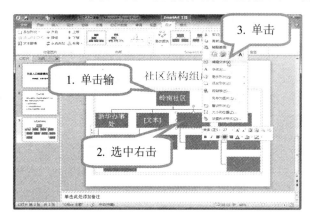

1. 单击第 1 排的文本框，当文本框出现光标插入点后，输入文本"岭南社区"。

2. 右键单击第 2 排新添加的文本框。

3. 在弹出的菜单中，单击"编辑文字"命令。在文本框内输入文本。

在新增的文本框中，单击鼠标有时不能出现光标插入点，通过在右键菜单中选择"编辑文字"命令，即可输入文本。

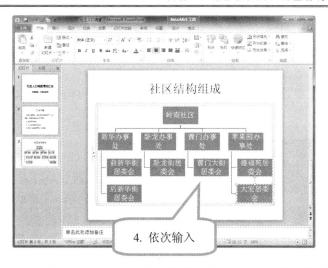

4. 使用同样的方法在其他文本框中输入文本，输入完成后的效果如左图所示。

🔊 输入文本时，若输入文本过多，文本字体会自动变小以适应文本框。

如果用户对于插入组织结构图的样式和配色不太满意，可以通过"SmartArt 工具"功能区→"设计"选项卡中的命令进行修改，以使得组织结构图更加鲜明。

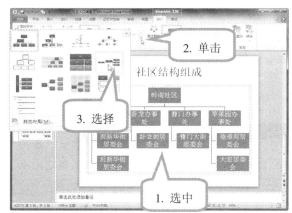

1. 单击选中组织结构图。

2. 单击"SmartArt 工具"功能区→"设计"选项卡→"布局"组右下角的按钮。

3. 在下拉列表中，选择"水平组织结构图"布局。

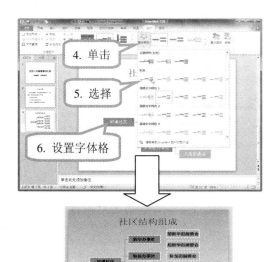

4. 单击"SmartArt 工具"功能区→"设计"选项卡→"样式"组中的"更改颜色"按钮。

5. 在下拉列表中，选择"彩色-强调文字颜色"。

6. 设置组织结构图中的所有文字格式为"微软雅黑"、"黑色"、"加粗"。

»☞ 制作第 4 张幻灯片(使用图表)

　　第 4 张幻灯片的内容为"人口总数及男女比例汇总"。如果在幻灯片中直接将这些数据以文本的形式逐一列出,会使观众在观看时产生视觉疲劳,也丧失了 PowerPoint 的生动性,使用图表可以轻松解决这个问题。

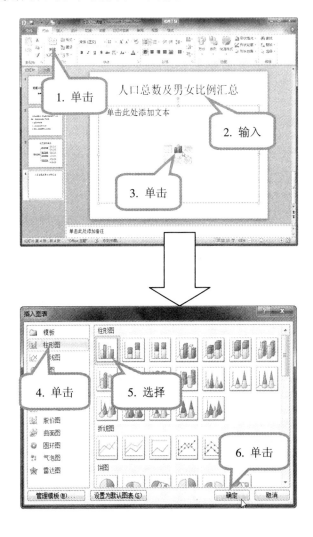

1. 单击"新建幻灯片"按钮,创建第 4 张幻灯片,版式为"标题和内容"。

2. 在标题栏中输入"人口总数及男女比例汇总"。

3. 单击内容工具栏中的"插入图表"按钮。

　　🔊 在"空白"版式的幻灯片中,通过"插入"选项卡→"图表"命令,也可以创建图表。

4. 在打开的"插入图表"对话框中,单击"柱形图"选项卡。

5. 在其右侧的列表中,选择"簇状柱形图"项。

6. 单击"确定"按钮。

插入图表后，将打开"Microsoft PowerPoint 中的图表"窗口，其中的表格和 Excel 中的表格类似，在数据表中输入数据即可生成该数据表的图表。

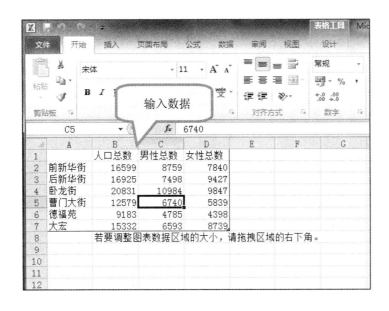

在行标题位置依次输入"人口总数"、"男性总数"和"女性总数"。

在列标题位置输入各个居委会的名称。

在数值区域中输入 3 项的数值。其中，人口总数等于男性总数与女性总数之和。

在该窗口中，将鼠标指针移至数据输入区域右下角，单击鼠标左键并拖动可以更改区域的大小。

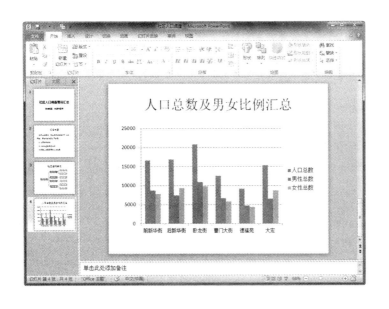

在数据窗口输入数据时，幻灯片中图表内的文本和数据会随着输入文本和数据的改变而改变，输入完毕后关闭数据窗口，生成对应的图表如左图所示。

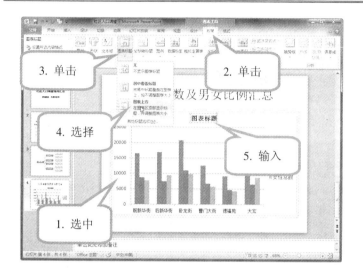

1. 选中插入的图表。

2. 单击"图表工具"功能区→"布局"选项卡。

3. 单击"标签"组→"图表标题"按钮。

4. 在下拉列表中,选择"图表上方"。

5. 在"图表标题"文本框内输入"人口汇总"。

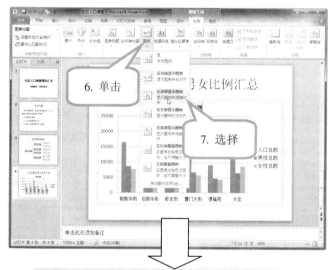

6. 单击"标签"组→"图例"按钮。

7. 在下拉列表中,选择"在顶部显示图例",更改图例的显示位置。

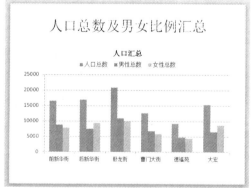

»☞ 制作第 5 张幻灯片(插入表格)

第 5 张幻灯片的内容为"各居委会新生和死亡人数汇总",采用表格可以很直观地将各种数据表现出来,增加了数据的可读性。

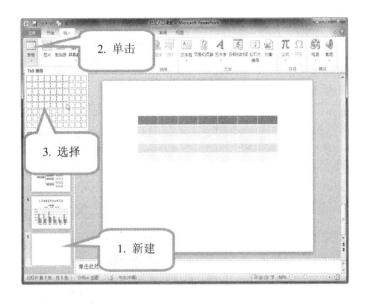

1. 单击"开始"选项卡→"新建幻灯片"按钮,创建版式为"空白"的第 5 张幻灯片。

2. 单击"插入"选项卡→"表格"按钮。

3. 在下拉框中拖动鼠标选择插入表格的行数和列数。

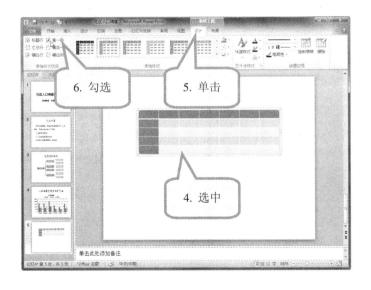

4. 选中插入的表格。

5. 单击"表格工具"功能区→"设计"选项卡。

6. 在"表格样式选项"组中,勾选"标题行"、"镶边行"和"第一列"三项,使其在表格中突出显示。

通过修改插入表格的尺寸使其在幻灯片中满屏显示。将表格第一行的所有单元格合并，用来输入表格标题。

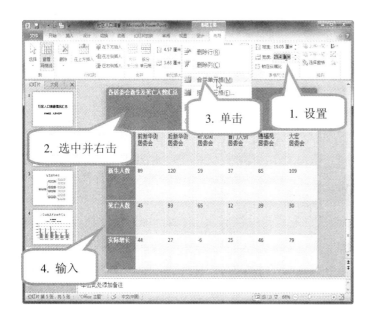

1. 在"表格工具"功能区 →"布局"选项卡中，设 置 表 格 的 高 度 为 "19.05"厘米，宽度为 "25.4"厘米。

2. 选中表格第一行的所 有单元格，并单击鼠标 右键。

3. 在弹出的菜单中，单击 "合并单元格"命令， 并在合并后的单元格内 输入表格标题。

4. 输入表格中其余各项 数据。

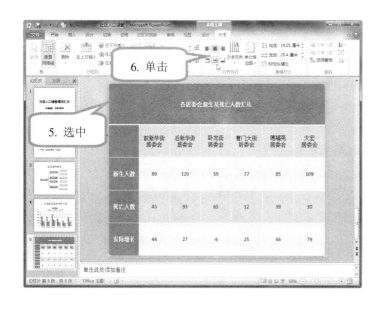

5. 单击表格边框，选中整 张表格。

6. 分别单击"表格工具" 功能区→"布局"选项 卡→"居中"和"垂直 居中"按钮，使表格内 的文字横向和纵向均居 中排列。

　　在单元格内输入文 字 时 ， 可 通 过 敲 击 "Enter"键使文字分段 排列。

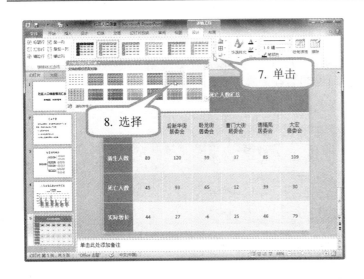

7. 单击"表格工具"功能区→"设计"选项卡→"表格样式"组→"其他"按钮。

8. 在下拉列表中,选择"文档的最佳匹配对象"区中的"主题样式 1-强调 5"样式。

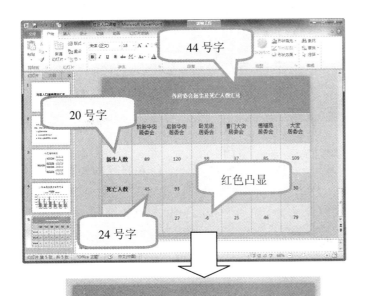

表格中所有文字的字体均为"微软雅黑"。

表格标题字号为"44",行标题和列标题字号为"20",数字字号为"24"。

将实际增长为负数的数值颜色改为红色。

»☞ 设置背景

　　鲜明的主题需要背景的衬托，为幻灯片设置背景可以使其主题突出，整体协调。为了避免幻灯片样式单一，还可以为幻灯片设置统一风格。

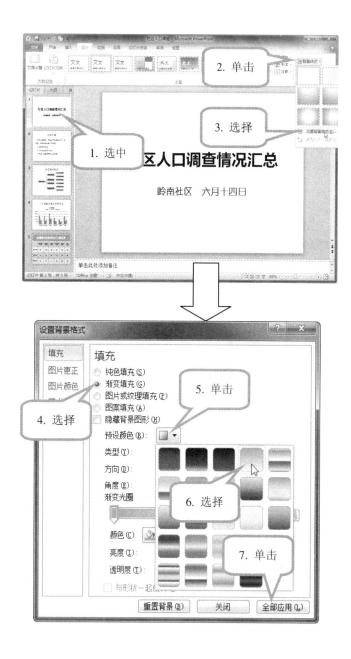

1. 选中演示文稿中的第 1 张幻灯片。

2. 在"设计"选项卡→"背景"组中，单击"背景样式"按钮。

3. 在下拉列表中，选择"设置背景格式"命令。

4. 在打开的"设置背景格式"对话框中，选择"渐变填充"。

5. 单击"预设颜色"按钮。

6. 在下拉列表中，选择一种填充效果样式。

7. 单击"全部应用"按钮。

🔊 预设颜色是 PPT 软件内置的背景颜色方案，可以不用设置直接使用。

»☞ 切换视图模式

PowerPoint 2010 提供了多种视图模式以满足不同用户的需要，单击"视图"选项卡，在"演示文稿视图模式"组中，单击想要的模式即可切换到该模式下。

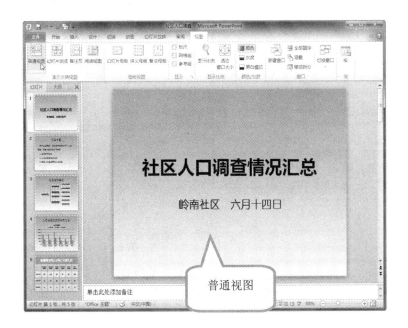

PowerPoint 2010 默认显示为普通视图，它是操作幻灯片时主要使用的视图模式。

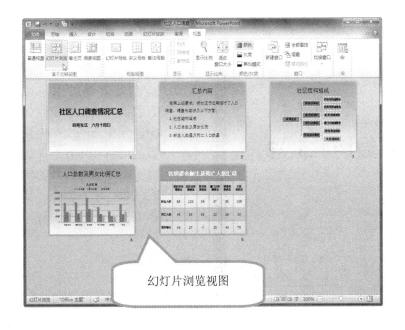

在幻灯片浏览视图中，可以浏览整个演示文稿中的幻灯片，改变幻灯片的版式、设计模式和配色方案等，也可以重新排列、添加、复制或删除幻灯片，但不能编辑单张幻灯片的具体内容。

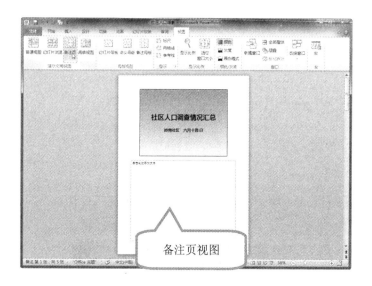

备注页视图

备注页视图是将备注窗格以整页格式进行查看和使用备注，用户可以方便地在其中编辑备注内容。

在制作 PowerPoint 文档时，一般在普通视图中制作幻灯片，在幻灯片浏览视图中查看演示文稿的结构并进行调整，在阅读视图中预览放映效果。

阅读视图

在阅读视图中可以查看演示文稿的放映效果，预览演示文稿中设置的动画和声音，并且能观察每张幻灯片的切换效果，它将以全屏动态方式显示每张幻灯片的效果。

»☞ 打包演示文稿

打包可以使演示文稿的放映不再依赖 PowerPoint 软件本身，在其他缺少字体的电脑上也可以进行放映，并且不用担心发生跳版现象。打包演示文稿分为将演示文稿压缩到 CD 或文件夹两种，其中压缩到 CD 要求电脑中配置有刻录光驱，而打包成文件夹则没有这项要求。

1. 选择"文件"选项卡→"保存并发送"项→"将演示文稿打包成 CD"命令。

2. 单击右侧的"打包成 CD"按钮。

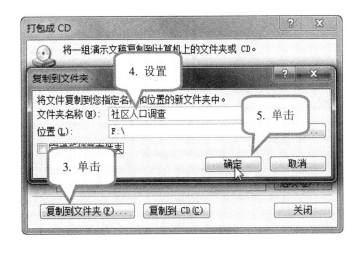

3. 在打开的"打包成 CD"对话框中，单击"复制到文件夹"按钮。

4. 在打开的"复制到文件夹"对话框中，输入文件夹名称，并设置保存位置。

5. 单击"确定"按钮。

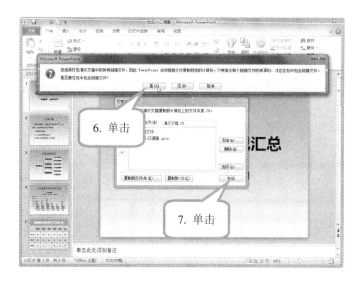

6. 打开提示对话框，提示是否一起打包链接文件。单击"是"按钮，系统开始自动打包演示文稿。

7. 完成后返回"打包成CD"对话框，单击"关闭"按钮。

打包后自动弹出文件所在的文件夹，双击名为"社区人口调查"的演示文稿文件图标，即可观看。

实例 6　制作消防标志

☞ 学习情境

　　小王所在的社区最近正在开展消防标志认知活动，目的是为了让社区居民认识一些常用的消防标志，以便在遇到火情时，可以根据标志做出正确的处理。小王学过 Office 系列办公软件，准备使用 PowerPoint 制作一些常用的消防标志并打印出来，以便社区居民学习。

☞ 编排效果

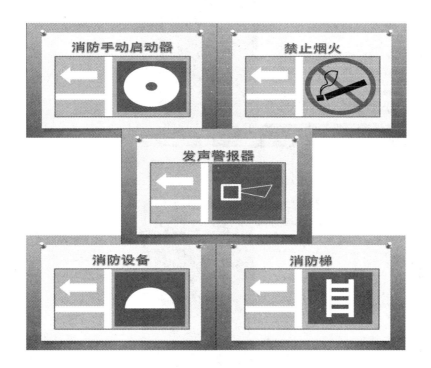

☞ 掌握技能

　　通过本实例，将学会以下技能：
- 绘制自选图形。
- 设置自选图形格式。
- 组合图形。
- 打印幻灯片。

»☞ 启动 PowerPoint 2010

1. 在 Windows 7 桌面上，单击任务栏左侧的"开始"按钮。

2. 在弹出的"开始"菜单中，单击"所有程序"项。

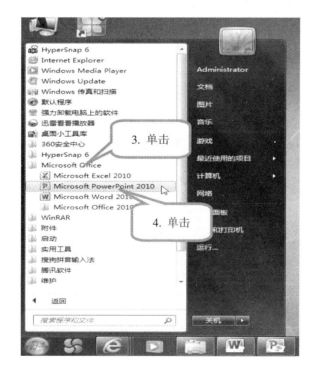

3. 在"所有程序"组中，单击"Microsoft Office"，打开下拉列表。

4. 单击"Microsoft PowerPoint 2010"项。

»☞ 插入幻灯片并设置主题

小王制作 5 张消防标志幻灯片，这 5 张幻灯片均采用"空白"版式并统一使用"图钉"主题。

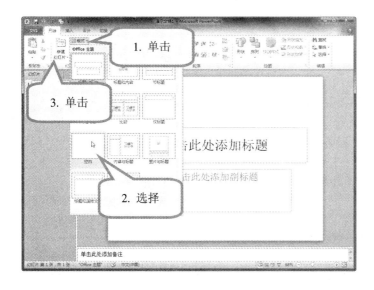

1. 选中第 1 张幻灯片，单击"开始"选项卡→"版式"按钮。

2. 在下拉列表中，选择"空白"版式。

3. 单击"开始"选项卡→"新建幻灯片"按钮，创建第 2 张幻灯片。重复该步骤，共创建 4 张幻灯片。

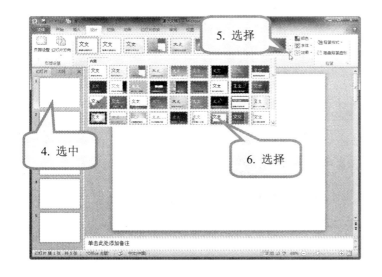

4. 选中演示文稿中的任意一张幻灯片。

5. 单击"设计"选项卡→"主题"组→"其他"按钮。

6. 在下拉列表中，选择"图钉"主题。

»☞ 绘制"消防手动启动器"标志

在 PowerPoint 演示文稿中,除了可以插入前面几个实例中介绍过的如来自外部的图片、图表、表格、SmartArt 图形以外,还可以通过 PowerPoint 的"自选图形"功能,自由画出自己满意的图形。

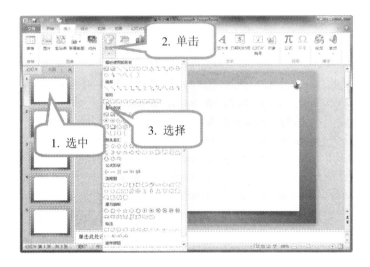

1. 选中第 1 张幻灯片。

2. 单击"插入"选项卡→ "插图"组→"形状" 按钮。

3. 在下拉列表中,选择"矩形"组→"矩形"。

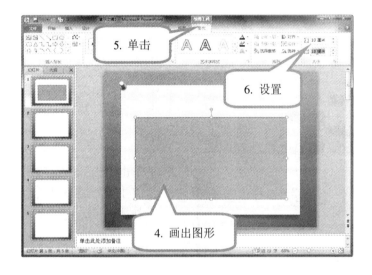

4. 将鼠标指针移到幻灯片中,当鼠标指针变成"十"形状时,单击鼠标左键不放并拖动绘制矩形。

5. 单击"绘图工具"→"格式"选项卡。

6. 在"大小"组中,设置矩形高度为"10"厘米,宽度为"18"厘米。设置好高度和宽度后,将矩形拖动到合适的位置。

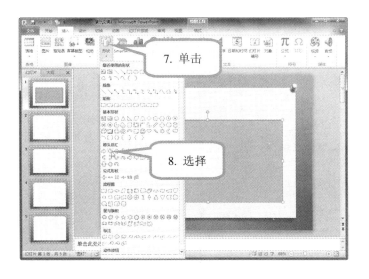

7. 单击"插入"选项卡→"形状"按钮。

8. 选择"箭头总汇"组中的"左箭头"。

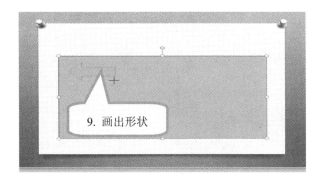

9. 在幻灯片中单击鼠标左键不放并拖动绘制箭头。

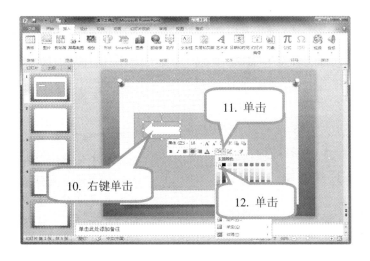

10. 右键单击画出的左箭头。

11. 在弹出的格式浮动工具栏中，单击"形状填充"按钮右侧小箭头。

12. 在下拉列表中选择"白色，背景1"。

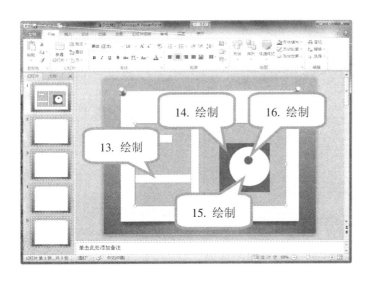

13. 在幻灯片中绘制横向和纵向两个长方形，用于隔断。

14. 绘制正方形，填充为"红色"。

15. 绘制一个大圆，填充为"白色"。

16. 绘制一个小圆，填充为"红色"。

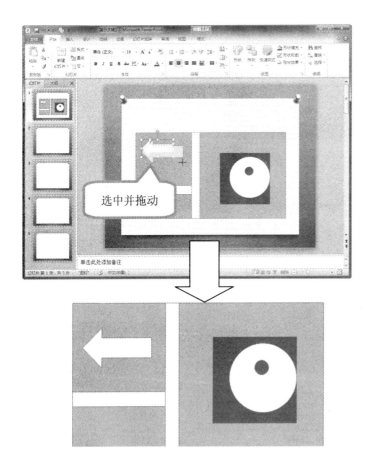

选择矩形或椭圆绘制方形或圆形时，按住"Shift"键可绘制正方形或正圆形。

选中箭头图形，将鼠标放在控点上按住鼠标左键不放，将箭头拖动到合适的大小和位置。

选中位置重叠的多个图形中任意一个并单击鼠标右键，在弹出菜单中通过"置于底层"和"置于顶层"两个命令，可以更改图片的叠放位置。

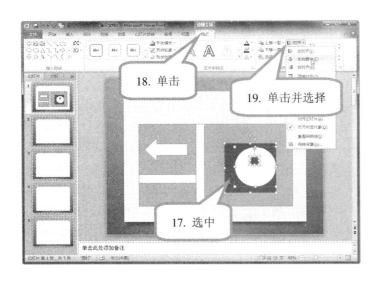

18. 单击

19. 单击并选择

17. 选中

17. 按住"Shift"键不放，鼠标单击依次选中正方形和两个圆形。

18. 单击"绘图工具"→"格式"选项卡。

19. 单击"排列"组→"对齐"按钮，并选择"左右居中"。重复该步骤，并选择"上下居中"。

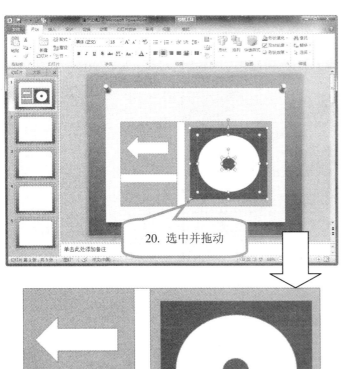

20. 选中并拖动

20. 按住"Shift"键选中方形和圆形。将鼠标指针移到左下方的控点上，按住"Ctrl"键不放，并按住鼠标左键拖动调整图形大小。

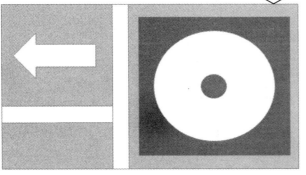

调整大小后图形的位置会发生变化，可以再次使用"对齐"按钮来调整。

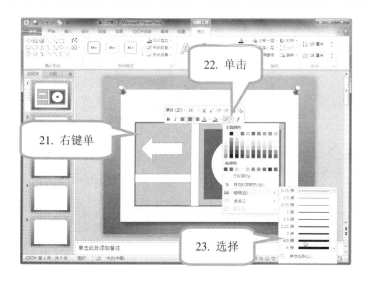

21. 右键单击作为背景的大矩形。

22. 在弹出的格式工具栏中，单击"形状轮廓"按钮右侧的下拉箭头。

23. 在下拉列表中，选择"粗细"项中的"4.5磅"，将矩形外边框线加粗。

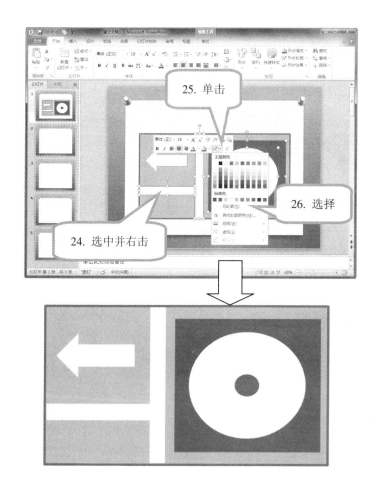

24. 按住"Shift"键不放依次选中除背景矩形以外的所有图形，单击鼠标右键。

25. 在弹出的工具栏中，单击"形状轮廓"按钮右侧箭头。

26. 在下拉列表中，选择"无轮廓"。

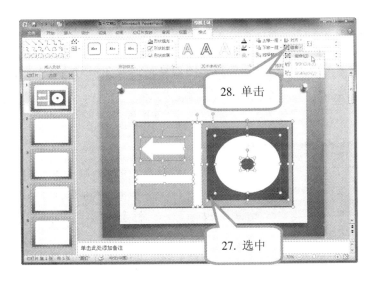

27. 按住"Shift"键不放，选中所有图形。

28. 单击"绘图工具格式"选项卡→"排列"组→"组合"按钮，并在下拉列表中选择"组合"命令。

将多个图形组合在一起，既方便统一调整又可避免相互位置发生变化。

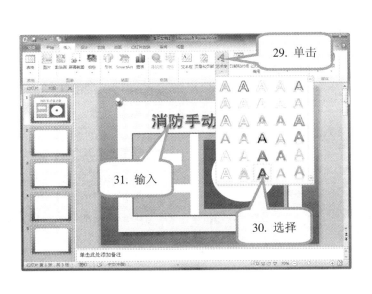

29. 单击"插入"选项卡→"文本"组→"艺术字"按钮。

30. 在下拉列表中，选择第 6 行第 3 列的艺术字样式。

31. 在艺术字文本框中输入"消防手动启动器"。

»☞ 绘制"禁止烟火"标志

第 2 张消防标志为"禁止烟火",它和"消防手动启动器"标志的唯一区别就是右侧的图形不同,因此可以将绘制好的"消防手动启动器"标志图形复制到第 2 张幻灯片中,稍作修改即可。其余几个消防标志也是如此制作。

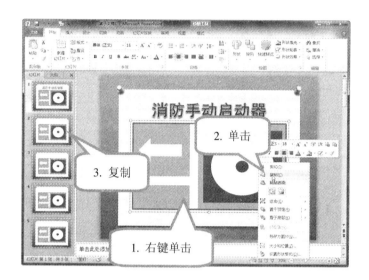

1. 右键单击第 1 张幻灯片中的"消防手动启动器"标志图形。

2. 在弹出菜单中,单击"复制"命令。

3. 按住键盘"Ctrl"+"V"键,依次将复制的图形粘贴在后 4 张幻灯片中。

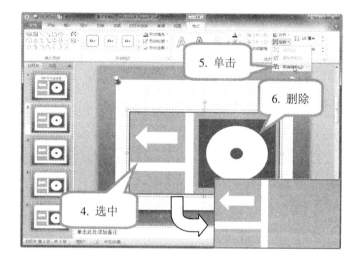

4. 在第 2 张幻灯片中,选中"消防手动启动器"标志图形。

5. 单击"绘图工具"→"格式"选项卡→"组合"按钮,并在下拉列表中单击"取消组合"命令。

6. 删除右侧图形。

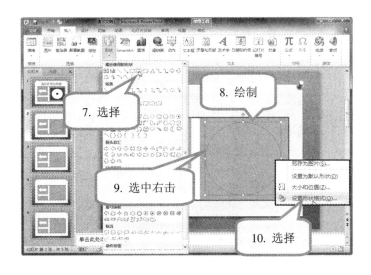

7. 单击"插入"选项卡→"形状"按钮，在下拉列表中选择"椭圆"。

8. 按住"Shift"键不放，拖动鼠标绘制圆形。

9. 右键单击绘制好的圆形。

10. 在弹出菜单中，选择"设置形状格式"命令。

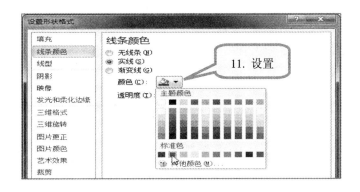

11. 打开"设置形状格式"对话框，在"线条颜色"项内设置线条颜色为"红色"。

12. 在"线型"项中设置线型宽度为"20磅"。

13. 选用直线绘制代表禁
止的斜线，填充色为"红
色"，粗细为"20磅"。

14. 使用矩形绘制香烟。

15. 使用矩形绘制烟灰。选
中香烟盒烟灰，填充色
为"黑色"，无边框线。

16. 选择"形状"→"自由
曲线"。

17. 绘制两条自由曲线，使
其看起来像是烟雾。

18. 设置两条自由曲线的
填充色为"黑色"，粗细
为"4.5磅"。

19. 选中红色的斜线并单
击鼠标右键，在弹出菜
单中选择"置于顶层"，
效果如图所示。

»☞ 绘制"发声警报器"标志

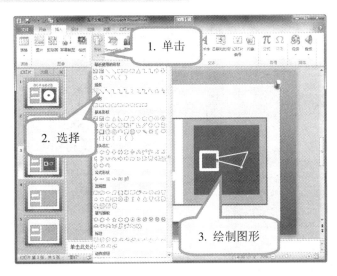

1. 选中第 3 张幻灯片，单击"插入"选项卡→"形状"按钮。
2. 在"形状"下拉列表中，依次选择矩形和直线。
3. 绘制大正方形，填充为"红色"；绘制小正方形，填充为"无颜色"、边框线为"白色"、粗细为"10 磅"；绘制三条直线"白色"、"3 磅"。

🔊 按住"Ctrl"键的同时，按住鼠标左键并拖动，可从中心开始绘制图形。

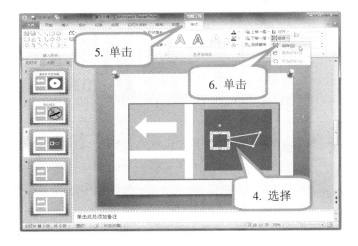

4. 按住"Shift"键，依次选中小正方形和 3 条直线段。
5. 单击"绘图工具格式"选项卡。
6. 单击"排列"组→"组合"按钮，将 4 个图形合为一体。

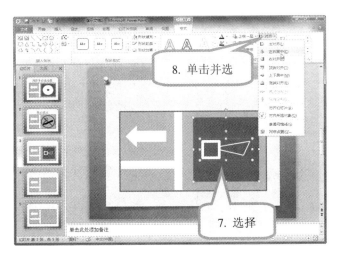

7. 按住"Shift"键，选中大正方形和刚才组合好的图形。
8. 在"绘图工具"→"格式"选项卡中，单击"对齐"按钮。在下拉列表中，选择"左右居中"。重复该步骤，选择"上下居中"。

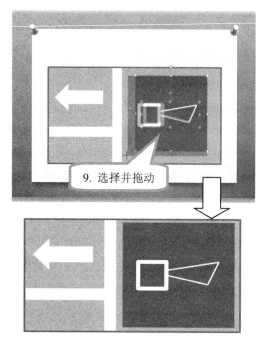

如果不将分散的图形组合在一起，就无法把它们作为一个整体进行对齐调整。

9. 按住"Shift"键选择大正方形和组合后的图形，将鼠标指针移至左下方的控制点上。按住"Shift"键不放，并按住鼠标左键拖动调整。

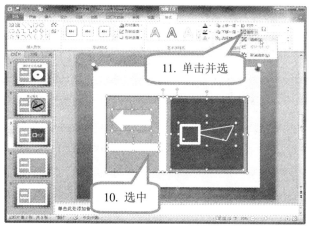

10. 按住"Shift"键不放，选中所有图形。

11. 单击"绘图工具格式"选项卡→"排列"组→"组合"按钮，并在下拉列表中选择"组合"命令。

12. 单击"插入"选项卡→"文本"组→"艺术字"按钮。

13. 在下拉列表中，选择第6行第3列的艺术字样式。

14. 在艺术字文本框中输入"发声警报器"。

»☞ 绘制"灭火设备"标志

　　"灭火设备"的标志是一个半圆，但是在 PowerPoint 自带的形状中并没有半圆形。因此，可以通过现有图形的组合和叠放来达到半圆形的效果。

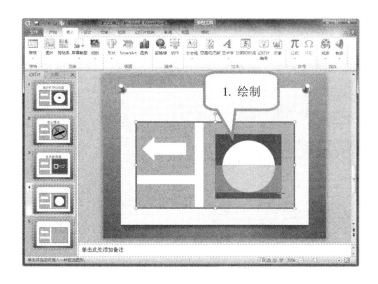

1. 在第 4 张幻灯片中，绘制大正方形，填充为"红色"；绘制圆形，填充为"白色"、无轮廓；绘制矩形，使其刚好覆盖圆形的下半部，且横向不超出大正方形的边界。

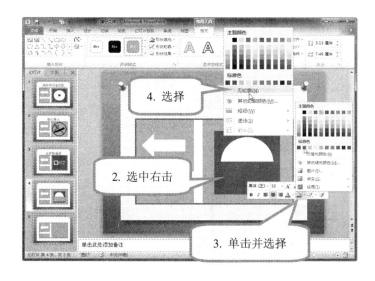

2. 选中绘制的矩形，并单击鼠标右键。

3. 在弹出的格式工具栏中，单击"形状填充"按钮右侧箭头，从中选择"红色"。

4. 单击"形状轮廓"右侧箭头，从中选择"无轮廓"。

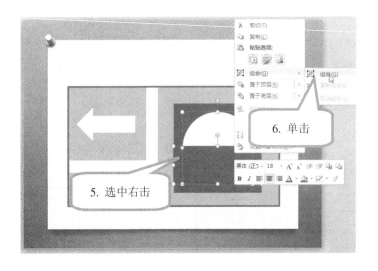

5. 按住 "Shift" 键选中圆形和矩形，单击鼠标右键。

6. 在弹出菜单中，单击 "组合" 命令，将二者组合为一个整体。

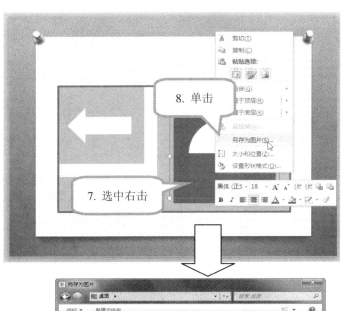

7. 选中合并后的图形，并单击鼠标右键。

8. 在弹出菜单中，单击 "另存为图片" 命令。

9. 在打开的 "另存为图片" 对话框中，选择图片的保存位置并设置文件名后，单击 "保存" 按钮。

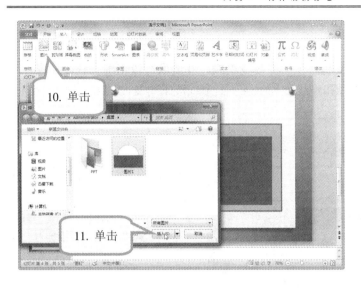

10. 删除组合好的图形，单击"插入"选项卡→"图片"按钮。

11. 在弹出对话框中，选择刚才保存的图片，单击"插入"按钮。

绘制的图形无法被裁剪，须将绘制图形另存为图片，再将图片插入到幻灯片中才可以裁剪。

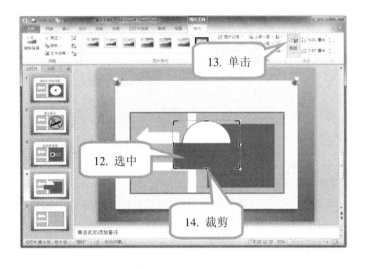

12. 选中插入的图片。

13. 单击"图片工具格式"选项卡→"裁剪"按钮。

14. 鼠标移至控点上，拖动鼠标将不需要的部分裁剪掉。

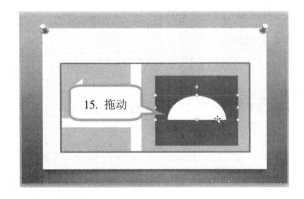

15. 将裁剪好的图片拖动到合适的位置。

»☞ 绘制"消防梯"标志

"消防梯"标志由 2 条竖线段和若干条横线段组成，并要求线段粗细一致，如果一一绘制会很麻烦。可以先绘制横线段和竖线段各 1 条，其余线段采用复制的方法即可。

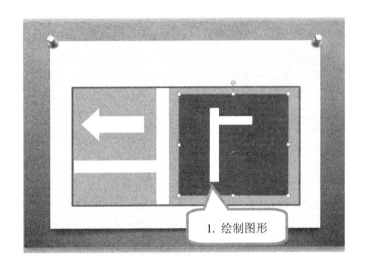

1. 在第 5 张幻灯片中，绘制正方形，填充为"红色"；绘制竖线段，填充为"白色"、粗细为"20磅"；绘制横线段，填充为"白色"、粗细为"20磅"。

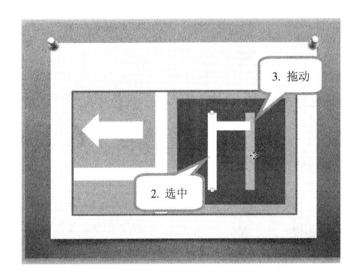

2. 选中绘制好的竖线段。

3. 按住"Ctrl"键不放，同时按住鼠标左键将竖线段复制到合适的位置。

🔊 按住"Ctrl"键拖动对象，可以实现复制被拖动对象的功能。

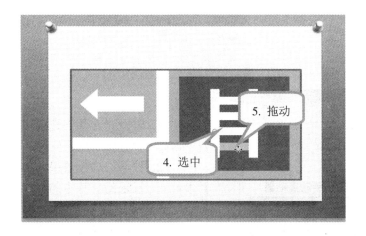

4. 选中绘制好的横线段。

5. 按住"Ctrl"键依次向下拖动鼠标，复制若干条相同的横线段。

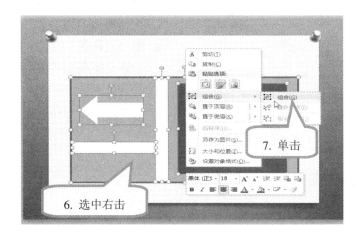

6. 按住"Shift"键选中所有图形，并单击鼠标右键。

7. 在弹出菜单中单击"组合"命令。

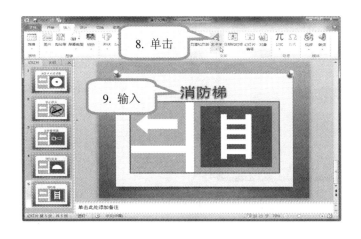

8. 单击"插入"选项卡→"艺术字"按钮。

9. 在艺术字文本框内输入"消防梯"。

»☞ 打印幻灯片

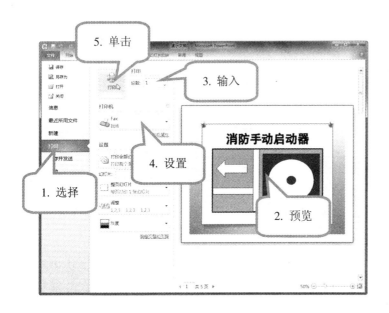

1. 单击"文件"选项卡→ "打印"项。
2. 预览幻灯片效果。如果 发现幻灯片中的错误， 或有排版不合适的地 方，应及时加以更正或 修改，以免浪费纸张。
3. 在"份数"数值框中输 入要打印的份数。
4. 在"打印机"下拉列表 中，选择需要的打印机 名称。
5. 单击"打印"按钮。

在"打印"窗口中， 单击"打印机属性"， 可以对打印纸张、打印 质量等进行更详细的 设置。

第2篇

幻灯片的美化和编排

在第1篇中我们学习了 PowerPoint 演示文稿的创建、保存和打印，文字的录入及格式化，图片、图表、表格的插入和自选图形的绘制等内容。在第2篇中我们将着重学习幻灯片中各种元素的美化和编排以及幻灯片动画的制作技巧。

本篇内容：
实例7　制作个人简历
实例8　制作社区道德宣传片
实例9　制作中国古镇宣传动画
实例10　制作永升食品有限公司宣传手册
实例11　制作社区超市商品价格调查报告

通过以上5个实例，将学会 PowerPoint 演示文稿的美化、编排和动画制作等工作，包括：

1. 利用模板创建演示文稿。
2. 更改主题样式。
3. 添加页眉页脚。
4. 设置艺术字、自选图形的特殊效果。
5. 设置表格底纹及边框线样式。
6. 插入 SmartArt 图形并设置其特效。
7. 设置幻灯片背景。
8. 美化图片、剪贴画。
9. 使用图表。
10. 自定义动画效果。
11. 利用动画刷快速设置动画效果。
12. 设置幻灯片切换动画。
13. 设置幻灯片放映类型。

实例7　制作个人简历

☞ **学习情境**

　　小马是××大学的一名大四在校生,即将面临毕业后找工作。在当前就业形势极其严峻的情况下,除了自身应该具备一定的能力以外,一份制作精美的个人简历也可以给用人单位留下深刻的印象,从而为自己赢得一份满意的工作。

☞ **编排效果**

☞ **掌握技能**

　　通过本实例,将学会以下技能:
- 设置艺术字的特殊效果。
- 设置表格底纹及边框线样式。
- 设置自选图形的特殊效果。
- 插入 SmartArt 图形并设置其特效。
- 插入剪贴画。
- 设置幻灯片放映类型。

»☞ 插入幻灯片并设置背景

通过在网上查找、学习个人简历的制作要点并结合自身情况，小马决定从"基本情况"、"自我分析"、"家庭环境"、"教育背景"、"个人荣誉"和"求职意向"6 个方面来制作自己的个人简历。

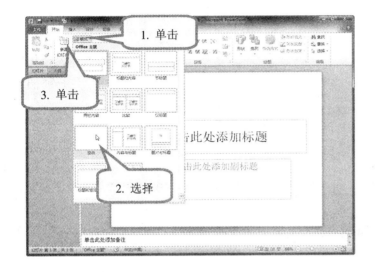

1. 启动 PowerPoint，单击 "开始"选项卡→"版式"按钮。

2. 在下拉列表中，为第 1 张幻灯片选择"空白"版式。

3. 单击"新建幻灯片"按钮，插入一张新幻灯片。重复该步骤，共创建 8 张幻灯片。

🔊 单击"新建幻灯片"按钮插入新幻灯片时，新幻灯片会自动以上一张幻灯片的版式插入。

4. 选中第 1 张幻灯片，单击"设计"选项卡→"背景样式"按钮。

5. 在下拉列表中，选择"设置背景格式"命令。

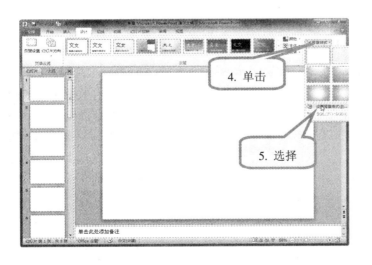

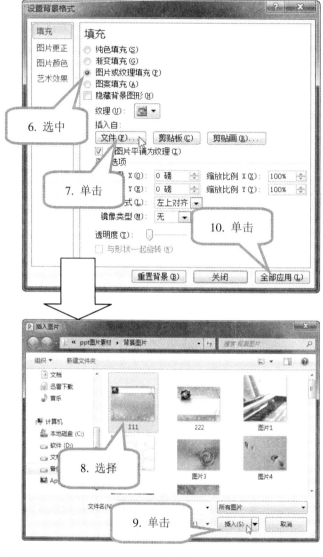

6. 在打开的"设置背景格式"对话框中,选中"图片或纹理填充"项。

7. 单击"文件"按钮。

8. 在打开的"插入图片"对话框中,选择要插入的图片。

9. 单击"插入"按钮。

10. 返回"设置背景格式"对话框,单击"全部应用"按钮将插入的图片设置为幻灯片背景。

单击"关闭"按钮,插入图片仅作为当前幻灯片的背景;单击"全部应用"按钮,插入图片作为演示文稿内所有幻灯片的背景。

　　本演示文稿中的 8 张幻灯片中的第 1 张和第 8 张分别为封面和封底，应该采用和其他幻灯片有区别的背景图片。

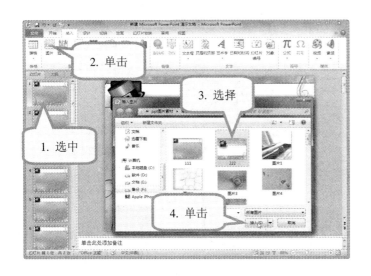

1. 选中第 1 张幻灯片。

2. 单击"插入"选项卡→
   "图像"组→"图片"
   按钮。

3. 在打开的"插入图片"
   对话框中，选择要插入
   的图片。

4. 单击"插入"按钮。重
   复以上步骤，修改第 8
   张幻灯片的背景。

　　在已有背景图片的
幻灯片中，再插入一张
图片将覆盖原有背景
图片。

5. 单击"视图"选项卡。

6. 单击"演示文稿视图"
   组→"幻灯片浏览"按
   钮，切换到浏览视图查
   看 8 张幻灯片的背景
   效果。

»☞　制作封面幻灯片

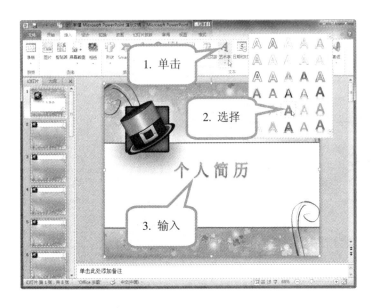

1. 单击"插入"选项卡→ "文本"组→"艺术字" 按钮。

2. 在下拉列表中,选择"填 充-红色,强调文字颜色 2,暖色粗糙棱台"艺术 字样式。

3. 在艺术字文本框中输入 "个人简历"。

4. 选中艺术字文本框,设 置艺术字的字体为"微 软雅黑"、字号为"80"。

5. 单击"绘图工具"功能 区→"格式"选项卡→ "艺术字样式"组→"文 字效果"按钮。

6. 在下拉列表中,选择"发 光"中的"红色, 8 pt 发 光,强调文字颜色 2" 效果。

»☞ 制作"基本情况"幻灯片

"基本情况"幻灯片主要介绍一些个人的基本信息，如姓名、性别、籍贯、学校及专业、联系方式等，可以使用表格的形式来展现。

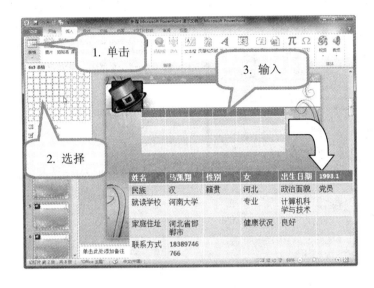

1. 选中第 2 张幻灯片，单击"插入"选项卡→"表格"按钮。

2. 在"插入表格"对话框中，拖动鼠标选择表格为 5 行 6 列。

3. 在表格中输入个人基本信息。

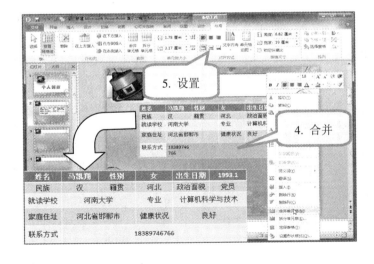

4. 选中需要合并的单元格并单击鼠标右键，在弹出的菜单中选择"合并单元格"命令。

5. 选中整张表格，在"表格工具"功能区→"布局"选项卡→"对齐方式"组中，设置表格内文本水平和垂直方向均为居中。

表格插入后还需要进行一些美化和格式化的工作,如更改表格填充色、修改表格内文本的格式、调整表格大小及位置等。

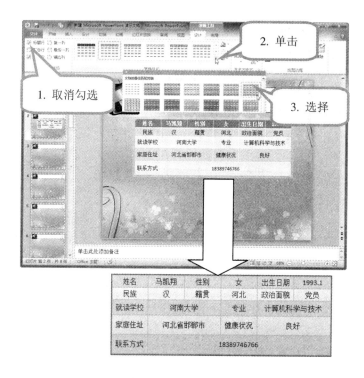

1. 选中表格,单击"表格工具"功能区→"设计"选项卡,取消"表格样式选项"组中的"标题行"项的勾选状态。

2. 单击"表格样式"组→"其他"按钮。

3. 在下拉列表中,选择"主题样式 1-强调 6"样式。

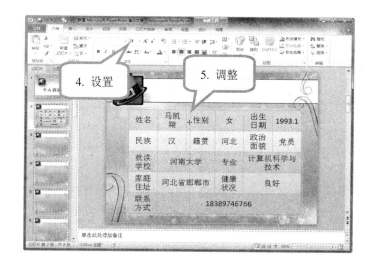

4. 选中整张表格,在"开始"选项卡→"字体"组中设置表格内所有文字的字号均为"28"。

5. 鼠标拖动行边框线或列边框线调整行高和列宽,使得单元格内的文本排列整齐美观。

将鼠标移至列边框线上,按住鼠标左键不放,左右拖动即可修改列宽。行高的调整方式相同。

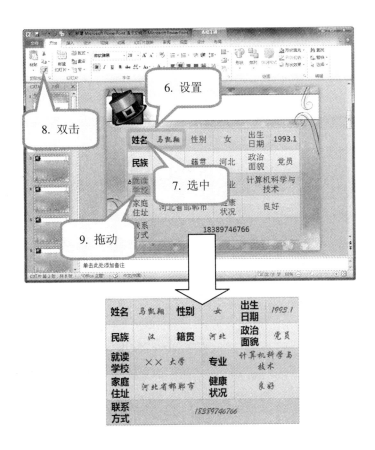

6. 在"开始"选项卡→"字体"组中，设置"姓名"的字体为"微软雅黑"、"加粗"；设置"马凯翔"的字体为"华文行楷"、颜色为"深红"。

7. 选中"姓名"两字。

8. 双击"格式刷"按钮。

9. 拖动需要复制格式的文本，改变其格式。

单击"格式刷"按钮只能复制一次，双击可复制多次，再次单击可取消复制。

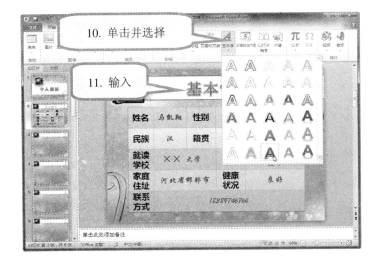

10. 单击"插入"选项卡→"艺术字"按钮，在下拉列表中选择最后一行第 3 个艺术字效果。

11. 在艺术字文本框中输入"基本情况"。

»☞ 制作"自我分析"幻灯片

在"自我分析"幻灯片中，小马打算从"自我评价"、"个人兴趣"、"个人能力"和"价值观"4 个方面对自己展开剖析，可以利用文本框和绘制图形来表现。

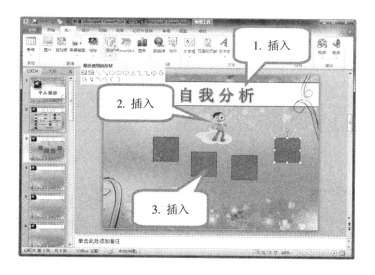

1. 插入艺术字"自我分析"，并将其拖放到幻灯片合适位置。

2. 单击"插入"选项卡→"图片"按钮，插入如图所示的图片素材。

3. 单击"形状"按钮并选择"矩形"，在幻灯片中插入 4 个相同的正方形。

4. 选中绘制的正方形，将鼠标移至绿色控点上，拖动鼠标使图形旋转成如图所示的效果。

5. 将 4 个正方形拖动到合适的位置。通过"形状"按钮绘制 3 条直线段，将 4 个正方形连接起来。

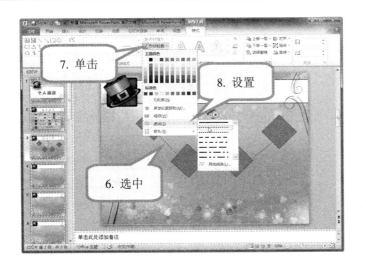

6. 按住"Ctrl"键依次选中 3 条线段。

7. 单击"绘图工具"功能区→"格式"选项卡→"形状轮廓"按钮。

8. 在下拉列表中，选择粗细为"4.5 磅"、虚线为"圆点"。

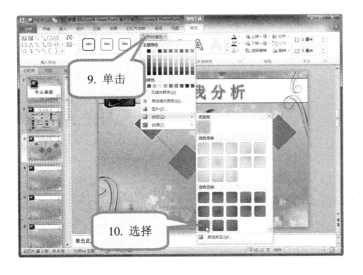

9. 选中第一个正方形，单击"形状填充"按钮。

10. 在下拉列表中，选择填充色为"浅蓝"，渐变效果为"深色变体"项中的"线性对角-左下到右上"效果。

11. 单击"形状轮廓"按钮，在下拉列表中选择"白色，背景 1"样式。

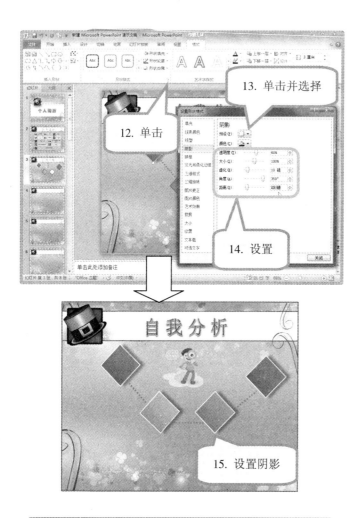

12. 单击"绘图工具"功能区→"格式"选项卡→"形状样式"组右下角的"功能扩展"按钮。

13. 打开"设置形状格式"对话框，在"阴影"项中单击"预设"按钮，并选择"外部"中的"右上斜偏移"阴影样式。

14. 设置"虚化"为"10磅"、"角度"为"359°"、"距离"为"13磅"。

15. 重复上述步骤，美化其余 3 个正方形，效果如图所示。

绘制图形时添加阴影效果，可使图形看起来更立体。

16. 分别插入 4 个"横排文本框"和 4 个"垂直文本框"，输入如图所示的内容。所有文本均采用"微软雅黑"字体、"18"号字。

»☞ 制作"家庭环境"幻灯片

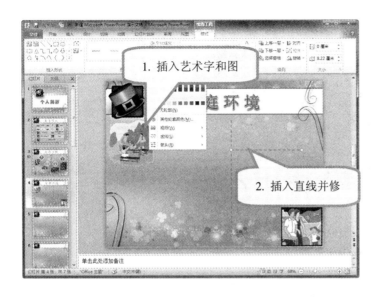

1. 在第 4 张幻灯片中，分别插入艺术字标题、图片和直线。

2. 选中绘制的直线段，单击"绘图工具"功能区→"格式"选项卡→"形状轮廓"按钮，在下拉列表中设置"粗细"为"2.25 磅"，"虚线"为"短划线"。

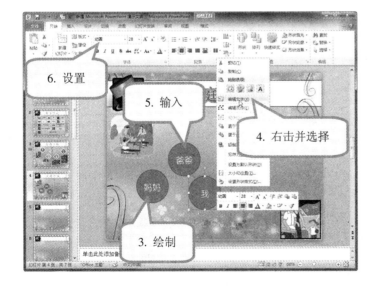

3. 绘制 3 个相同的圆形。

4. 右键单击圆形并在弹出的菜单中选择"编辑文字"命令。

5. 分别在 3 个圆形中输入文字内容。

6. 在"开始"选项卡→"字体"组中设置文本字体为"幼圆"、字号为"28"号。

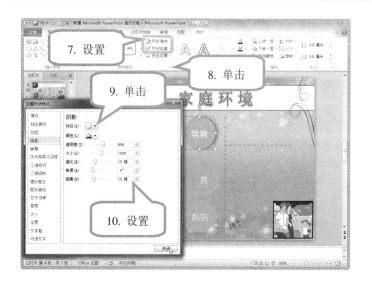

7. 通过"形状填充"设置 3 个圆形的填充色分别为"橄榄色"、"淡红色"和"淡紫色"。通过"形状轮廓"设置 3 个圆形均为"无轮廓"。

8. 单击"形状样式"组右下角"功能扩展"按钮，打开"设置形状格式"对话框。

9. 在"阴影"项中单击"预设"按钮，从中选择"向右偏移"。

10. 设置"虚化"为"15 磅"，"距离"为 10 磅。

11. 将 3 个圆形叠放在一起后，组合选中 3 个圆形并单击鼠标右键。

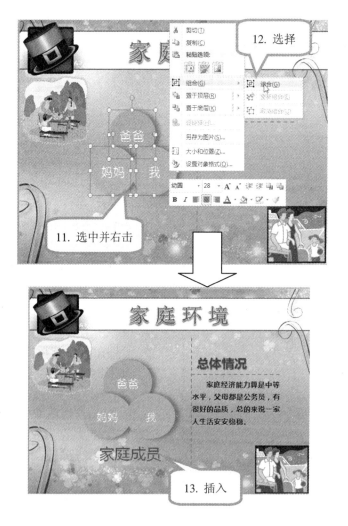

12. 在弹出的菜单中，选择"组合"命令。

通过右键菜单中的"置于顶层"和"置于底层"可更改叠放次序。

13. 插入 3 个文本框并调整位置后的效果如图所示。

» ☞ 制作"教育背景"幻灯片

"教育背景"幻灯片展示了小马从初中到大学的学习经历，可以采用具有层次关系的 SmartArt 图形来表示。

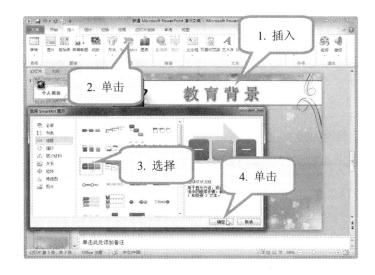

1. 在第 5 张幻灯片中插入艺术字标题。

2. 单击"插入"选项卡→"SmartArt"按钮，打开"选择 SmartArt 图形"对话框。

3. 选择"流程"中的"连续块状流程"图形样式。

4. 单击"确定"按钮。

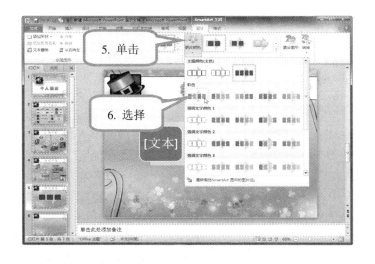

5. 单击"SmartArt 工具"功能区→"设计"选项卡→"更改颜色"按钮。

6. 在下拉列表中，选择"彩色-强调文字颜色"。

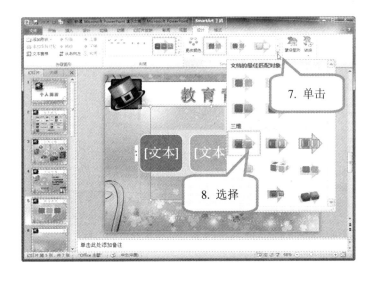

7. 单击"SmartArt 样式"组→"其他"按钮。

8. 在下拉列表中,选择"三维"中的"优雅"样式。

如果对设置后的样式不满意,可以单击"SmartArt 工具"功能区→"设计"选项卡→"重置"组→"重设图形"按钮,取消一切设置。

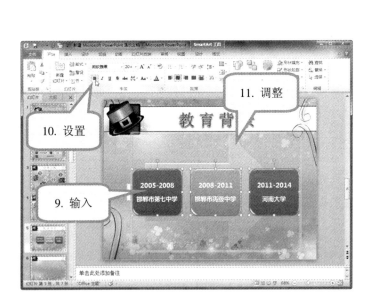

9. 分别在 3 个文本框中输入内容。

10. 在"开始"选项卡→"字体"组中,设置文本框中所有内容字体均为"微软雅黑"、"加粗",数字的字号为"22"、文字为"20"。

11. 单击外边框选中SmartArt 图形,拖拽边框 4 个角的控点,调整图形大小。

»☞ 制作"个人荣誉"幻灯片

"个人荣誉"幻灯片集中展示了小马上学期间所获得的各种奖项以及考取的各种职业资格认证证书。

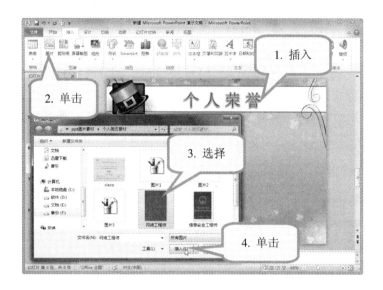

1. 在第 6 张幻灯片中，插入"个人荣誉"艺术字标题。

2. 单击"插入"选项卡→"图片"按钮，打开"插入图片"对话框。

3. 从计算机中选择要插入的图片。

4. 单击"插入"按钮。

5. 选中插入的图片，在"图片工具"功能区→"格式"选项卡→"大小"组中设置图片大小。

6. 调整图片的旋转角度和在幻灯片中的位置。

将鼠标指针放在图片绿色控制点上，单击鼠标并拖动可旋转图片。

插入的图片样式很单一，可以给图片设置边框来增加其艺术效果，从而使整张幻灯片更加美观。

1. 选中红色证书图片。

2. 单击"图片工具"功能区→"格式"选项卡→"图片样式"组→"其他"按钮。

3. 在下拉列表中，选择"剪裁对角线，白色"相框样式。重复上述步骤，给其他两张证书图片添加边框。

若对图片设置后的效果不满意，可以单击"调整"组中的"重设图片"按钮，取消图片的所有样式，然后重新设置。

4. 插入文本框并输入内容。

5. 设置文本格式。

»☞ 制作"求职意向"幻灯片

"求职意向"幻灯片用表格的形式列出了小马对工作岗位、薪资待遇和工作地区的期许。

1. 在第 7 张幻灯片中，插入艺术字标题"求职意向"。

2. 单击"插入"选项卡→"表格"按钮，在下拉列表中选择插入表格为 4 行 4 列。

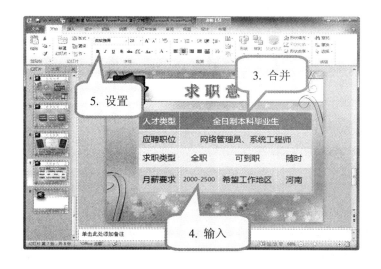

3. 将表格第 1、2 行的后 3 个单元格合并。

4. 输入表格内容。

5. 调整表格内文本的字体格式和段落格式并调整表格大小和位置，效果如图所示。

6. 选中表格，在"表格工具"功能区→"设计"选项卡中，取消"标题行"的勾选状态。

7. 单击"表格样式"组→"底纹"按钮，并在下拉列表中选择"浅绿"。

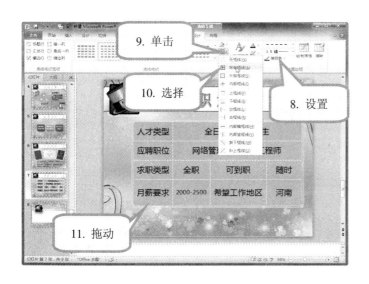

8. 在"绘图边框"组中，设置边框线的线形、粗细和颜色。

9. 单击"表格样式"组中的"边框"按钮。

10. 在下拉列表中选择"所有框线"。

11. 将表格拖动到幻灯片中合适的位置。

最终效果如图所示。

»☞ 制作封底幻灯片

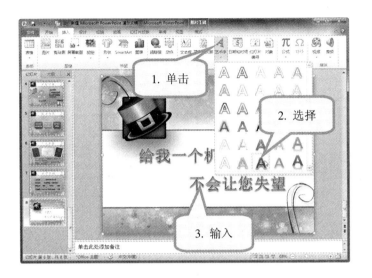

1. 在第 8 张幻灯片中，单击"插入"选项卡→"艺术字"按钮。

2. 在下拉列表中选择"填充-红色，强调文字颜色2，粗糙棱台"样式。

3. 输入"给我一个机会"。重复上述步骤，再插入一个艺术字文本框，输入"不会让您失望"。

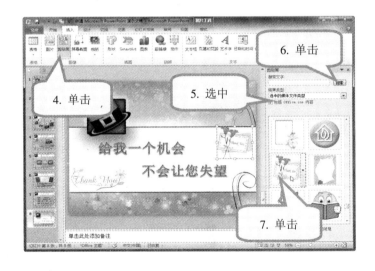

4. 单击"插入"选项卡→"剪贴画"按钮。

5. 在"剪贴画"任务栏中，选中"包括 Office.com 内容"。

6. 单击"搜索"按钮。

7. 单击要插入的剪贴画，将其插入到幻灯片中。

🔊 在"剪贴画"任务栏中选中"包括 Office.com 内容"复选框，将搜索 Office.com 网站中的剪贴画。

»☞ 设置放映类型

演示文稿完成后，除了可以打印输出以外，还可以通过连接在电脑上的投影仪进行放映。PowerPoint 2010 默认的放映方式为演讲者放映，即演讲者在演示文稿放映过程中全程控制幻灯片的播放。但在某些时候为了满足观众的要求，需要对演示文稿设置不同的放映方式，如让观众自行浏览等。

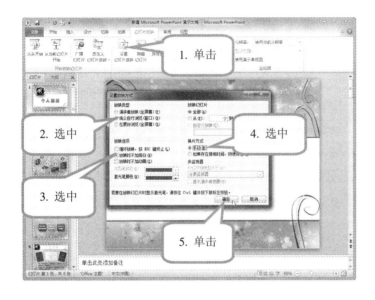

1. 单击"幻灯片放映"选项卡→"设置幻灯片放映"按钮。
2. 在打开的"设置放映方式"对话框的"放映类型"栏中，选中"观众自行浏览"选项。
3. 在"放映选项"栏中，选中"放映时不加旁白"复选框。
4. 在"换片方式"栏中，选中"手动"选项。
5. 单击"确定"按钮。

放映设置完成后，按"F5"键播放幻灯片，其播放效果如图所示。

🔊 在幻灯片放映过程中如需退出放映，可按"Esc"键。

实例 8　制作社区道德宣传片

☞ **学习情境**

为推进公民道德建设，培育良好的道德风尚，进一步提升社区居民群众道德素质和城市文明程度，文通社区宣传小组结合社区实际制作了一套"君子六德图"宣传幻灯片，并通过社区的 LED 屏幕滚动播放宣传，从而使广大社区群众受到教育、素质得到提高。

☞ **编排效果**

☞ **掌握技能**

通过本实例，将学会以下技能：
- 设置背景的 5 种方法（纯色、渐变、图片、纹理、图案）。
- 裁剪和美化图片。
- 美化插入的形状。
- 改变文本框的形状。
- 使用动画刷快速设置动画效果。
- 设置放映排练计时。

»☞ 制作封面幻灯片

1. 启动 PowerPoint，单击 "开始"选项卡→"幻灯片"组→"版式"按钮，在下拉列表中选择 "空白"版式。

2. 单击"插入"选项卡→ "图片"按钮，并在"插入图片"对话框中定位图片素材的位置。插入图片并调整其大小和位置。

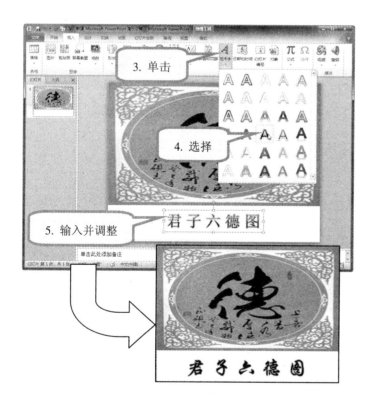

3. 单击"插入"选项卡→ "文本"组→"艺术字"按钮。

4. 在下拉列表中，选择"渐变填充-黑色，轮廓-白色，外部阴影"样式。

5. 在艺术字文本框输入 "君子六德图"。在"开始"选项卡→"字体"组中，设置艺术字字体为"华文行楷"、字号为"80"。将调整后的艺术字拖动到合适的位置。

»☞ 制作"礼"幻灯片

自古君子有六德，包括："礼"、"智"、"义"、"廉"、"信"、"仁"。"礼"是指做人的态度和原则。

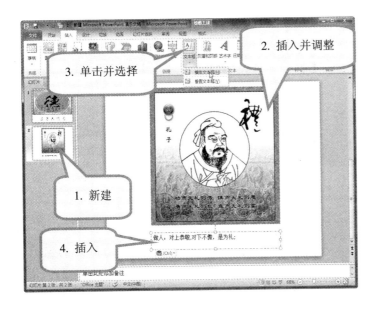

1. 单击"开始"选项卡→ "新建幻灯片"按钮，新建版式为"空白"的第 2 张幻灯片
2. 单击"插入"选项卡→ "图片"按钮，插入素材图片，并调整其大小和位置。
3. 单击"文本框"按钮，在下拉列表中选择"横排文本框"。
4. 插入文本框并输入文本。

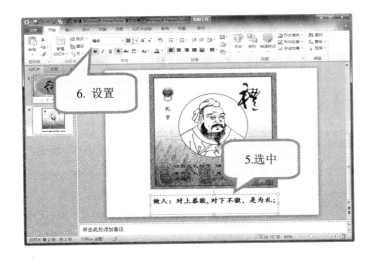

5. 单击边框选中文本框。

6. 在"开始"选项卡→"字体"组，设置文本字体为"楷体"、字号为"26"、"加粗"、"阴影"。

🔊 字号下拉列表中没有 26 号，可以直接在字号框中输入"26"即可。

　　要想使演示文稿色彩艳丽、层次分明，幻灯片背景的设置尤为重要。纯白色背景会使幻灯片显得色彩单一、毫无生气，可以给幻灯片设置其他颜色背景，使图片和文本框更加突出鲜明。

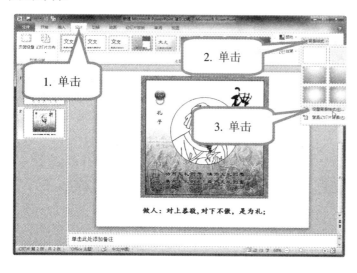

1. 单击"设计"选项卡。

2. 单击"背景"组→"背景样式"按钮。

3. 在下拉列表中，单击"设置背景格式"命令，打开"设置背景格式"对话框。

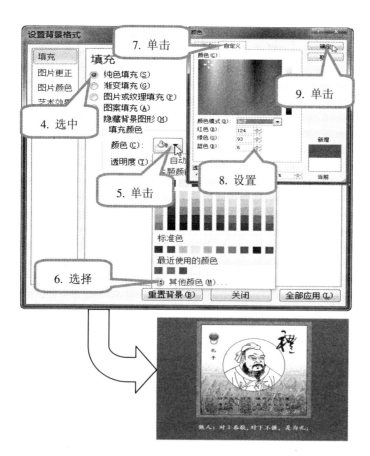

🔊　在幻灯片的空白位置单击鼠标右键，在弹出的快捷菜单中选择"设置背景格式"命令，也可以打开"设置背景格式"对话框。

4. 在"设置背景格式"对话框中，选中"纯色填充"。

5. 单击"颜色"按钮。

6. 在下拉列表中，选择"其他颜色"命令。

7. 在弹出的"颜色"对话框中，单击"自定义"选项卡。

8. 分别设置"红色"、"绿色"和"蓝色"的值为"124"、"93"、"6"。

9. 单击"确定"按钮。

»☞ 制作"智"幻灯片

"智"是指做事的态度，即"大不糊涂，小不计较"。

1. 单击"开始"选项卡→
   "新建幻灯片"按钮，
   插入第 3 张幻灯片。

2. 单击"插入"选项卡→
   "图片"按钮，插入素
   材图片并调整其大小和
   位置。

3. 单击"文本框"按钮，
   插入 2 个横排文本框，
   分别输入内容；单击
   "形状"按钮，插入一
   条线段。

4. 在"开始"选项卡→"字
   体"组中，设置文本字
   体为"华文宋体"、字
   号为"44"、"加粗"、
   "阴影"。

5. 设置"老子"字体为"微
   软雅黑"、字号为"32"、
   "加粗"。

　　白色背景和黑白色的画像使幻灯片显得太过单调，可以调整背景色和画像颜色使幻灯片更加生动。除了"礼"幻灯片使用的"纯色填充"外，PowerPoint 支持的幻灯片背景格式还有："渐变填充"、"图片或纹理填充"和"图案填充"。

1. 单击"设计"选项卡→"背景"组右下角的"功能扩展" 按钮，弹出"设置背景格式"对话框。

2. 选中"渐变填充"项。

3. 单击"预设颜色"按钮。

4. 在下拉列表中，选择"金色年华"背景样式。

　　"渐变填充"分为"预设颜色"和"自定义"2种。如果对"预设颜色"中渐变背景的配色不满意，可以自定义设置渐变背景。

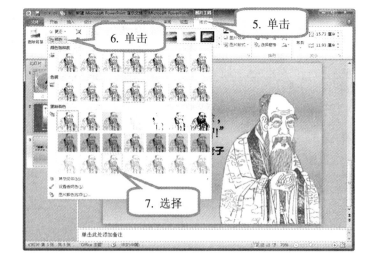

5. 选中画像图片，单击"图片工具"→"格式"选项卡。

6. 单击"调整"组→"颜色"按钮。

7. 在下拉列表中，选择"红色，强调文字颜色2 浅色"项。

»☞ 制作"义"幻灯片

"义"是指对于利益的处理原则，即"能拿六分，只拿四分"。

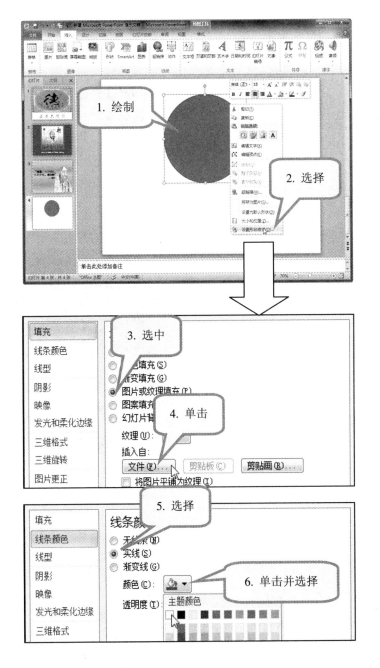

1. 单击"插入"选项卡→"形状"按钮，选择"椭圆"并按住"Shift"键绘制一个圆形。

2. 右击绘制出的圆形，在弹出菜单中选择"设置形状格式"命令，弹出"设置形状格式"对话框。

3. 选中"图片或纹理填充"项。

4. 单击"文件"按钮，在弹出的"插入图片"对话框中选择并插入素材图片。

5. 在"线条颜色"选项卡中，选中"实线"项。

6. 单击"颜色"按钮，并在下拉列表中选择"白色"。

通过自定义的方式为幻灯片设置渐变背景色。

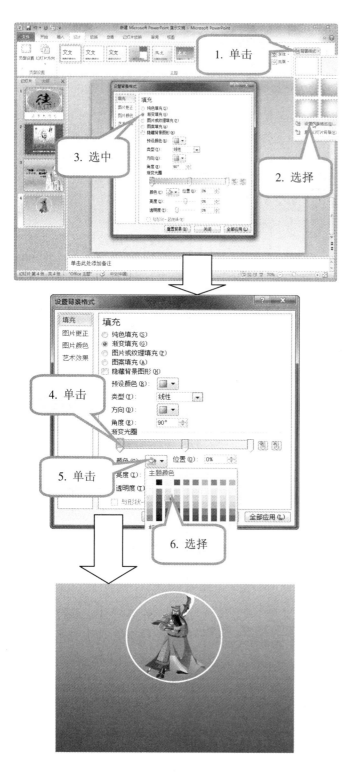

1. 单击"设计"选项卡→
   "背景样式"按钮。

2. 在下拉列表中,选择"设
   置背景格式"命令,打
   开"设置背景格式"对
   话框。

3. 在对话框中,选中"渐
   变填充"项。

🔊 修改"渐变光圈"轴
上各停止点的颜色,可
以设置不同的渐变形
式。如果想使渐变色彩
更丰富,可以单击 按
钮,增加停止点。

4. 单击"渐变光圈"轴上
   的第一个停止点。

5. 单击"颜色"按钮。

6. 选择"主题颜色"中的
   "茶色,背景 2,深色
   25%"。重复上述步骤,
   依次为停止点 2 和 3 设
   置更深的茶色。

🔊 鼠标拖动可以改变
停止点在轴上的位置,
也就可以改变渐变色的
分布。

插入艺术字和文本框，输入幻灯片的文本内容。

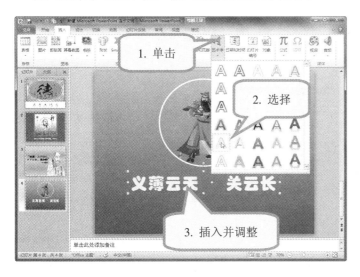

1. 单击"插入"选项卡→ "文本"组→"艺术字" 按钮。

2. 在下拉列表中，选择"填充-白色，暖色粗糙棱台"艺术字样式。

3. 输入文本并设置字体为"华文琥珀"。

4. 插入横排文本框并输入内容。

5. 设置文本字号为"28"、字体为"微软雅黑"。

6. 设置文本字体颜色为"白色"并单击"加粗"按钮。

效果如图所示。

»☞ 制作"廉"幻灯片

"廉"是指对自身品格的要求，即"守身如莲，香远益清"。

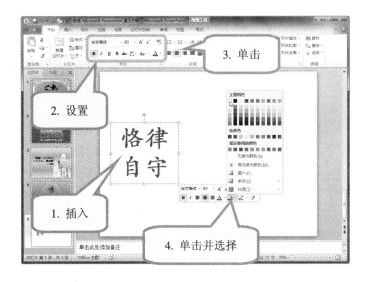

1. 插入横排文本框并输入 "恪律自守"。
2. 设置文本字体为"华文 楷体"、字号为"80"、 "加粗"、字体颜色为 "红色"。
3. 单击"段落"组→"居 中"按钮，使文本在文 本框内居中排列。
4. 右键单击文本框边框， 在格式工具栏中单击 "形状填充"按钮，从 中选择"白色"。

5. 绘制一个矩形，宽度和 幻灯片宽度相同，高度 和文本框高度相同。

6. 在"绘图工具格式"选 项卡中，单击"形状填 充"按钮设置矩形填充 色为"红色"；单击"形 状轮廓"按钮设置"无 轮廓"。

7. 右键单击矩形，在弹出 菜单中选择"置于底层" 命令，效果如图所示。

插入第 2 个文本框，并通过"纹理填充"的方式设置幻灯片的背景。

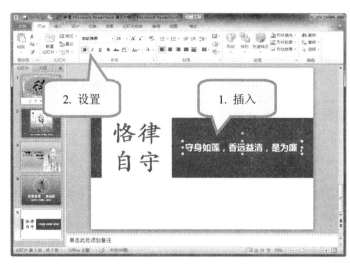

1. 插入横排文本框，并输入"守身如莲，香远益清，是为廉;"。将文本框拖动到如图所示的位置。

2. 在"开始"选项卡→"字体"组中，设置文本字体为"微软雅黑"、字号为"28"、字体颜色为"白色"、"加粗"。

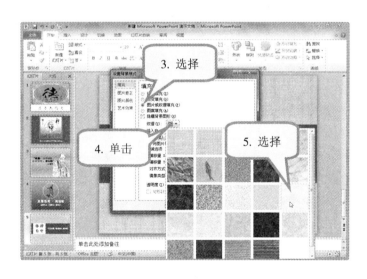

3. 右键单击幻灯片空白位置，在弹出菜单中选择"设置背景格式"命令，将打开"设置背景格式"对话框，选中"图片或纹理填充"项。

4. 单击"纹理"按钮。

5. 在下拉列表中，选择"羊皮纸"样式。

效果如图所示。

»☞ 制作"信"幻灯片

"信"是指和他人相处时的原则，即"表里如一，真诚以待"。

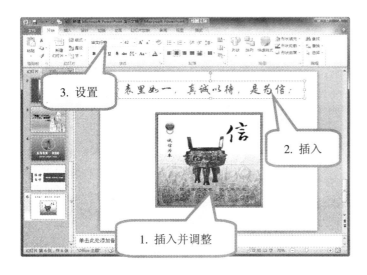

1. 单击"插入"选项卡→"图片"按钮，插入素材图片并调整其大小和位置。

2. 插入横排文本框并输入内容。

3. 设置文本字体为"华文行楷"、"42"号、"红色"。

4. 选中文本框，单击"绘图工具"→"格式"选项卡→"编辑形状"按钮，选择"更改形状"命令。

5. 在下拉列表中，选择"横卷形"。

🔊 文本框默认形状为"矩形"，可以通过"编辑形状"命令改为想要的形状。

插入的文本框默认是无轮廓且无填充色的，需要通过"形状填充"和"形状轮廓"命令进行设置，才可以使文本框的艺术形式得以展现。

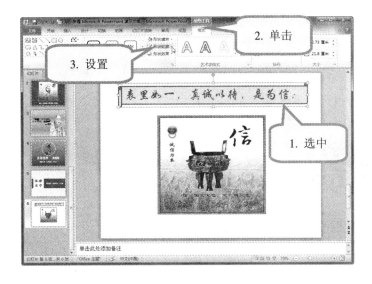

1. 单击文本框边框选中文本框。

2. 单击"绘图工具"→"格式"选项卡。

3. 通过"形状填充"命令，设置文本框填充色为"黄色"；通过"形状轮廓"命令，设置边框颜色为"橄榄色"、粗细为"3 磅"。

4. 右键单击幻灯片空白处，在弹出菜单中选择"设置背景格式"命令。在"设置背景格式"对话框中，选中"图案填充"项。

5. 单击"前景色"按钮从中选择"红色"，单击"背景色"按钮从中选择"茶色"。

6. 选择"草皮"样式。

»☞ 制作"仁"幻灯片

做人应该有仁爱之心，即"优为聚灵，敬天爱人"。

1. 单击"插入"选项卡→ "图片"按钮，插入素材图片。

2. 单击"图片工具"→"格式"选项卡→"大小"组→"裁剪"按钮。

3. 按住鼠标左键不放，拖动图片边框上的裁剪控点，将图片中不需要的部分剪掉。再次单击"裁剪"按钮，取消裁剪。

要想精确裁剪，可以按住"Alt"键并拖动鼠标进行裁剪。

4. 在"图片样式"组中，选择"棱台亚光，白色"，为图片添加相框样式。

5. 单击"图片边框"按钮，并从中选择"深黄"，改变相框颜色。

6. 将图片适当缩小。

将在幻灯片中修改后的插图另存为新图片保存在计算机中，就可以将新图片以"图片填充"的方式设置为幻灯片背景。

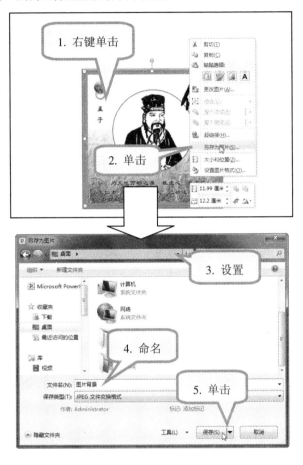

1. 右键单击图片。

2. 在弹出菜单中，单击"另存为图片"命令，打开"另存为图片"对话框。

3. 在"路径栏"设置图片的保存位置。

4. 在"文件名"栏修改文件名称。

5. 单击"保存"按钮。

　　背景中的图片无法进行修改，可以先将图片插入幻灯片中修改并另存，再将新图片填充为背景。

6. 在"设置背景格式"对话框中，选中"图片或纹理填充"项。

7. 单击"文件"按钮，选择插入修改后的新图片。

»☞ 使用动画刷快速设置动画效果

　　为幻灯片中的文本、图片、图形对象设置动画效果，可使幻灯片更加生动、活泼，更具观赏性。为对象添加动画效果，可以通过动画刷快速设置和自定义动画两种方式完成。

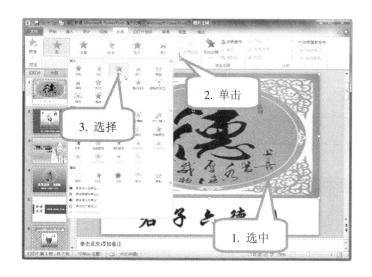

1. 在封面幻灯片中，选中要添加动画效果的图片对象。

2. 单击"动画"选项卡→"动画"组→"其他"按钮。

3. 在下拉列表中选择"进入"动画组→"飞入"效果。

　　🔊 动画效果分为"进入"、"强调"、"退出"和"路径"4 种。

4. 单击"效果选项"按钮，在下拉列表中选择"飞入"动画的方向。

5. 在"计时"组→"持续时间"框中，设置动画的持续时间为"2 秒"。

　　🔊 "2 秒"的持续时间意味着动画效果将中速播放。

6. 双击"高级动画"组→
"动画刷"按钮,鼠标
将变成小刷子的形状。

7. 用鼠标选中需要复制动
画效果的对象,则该对
象自动获得和源对象相
同的动画效果。依次选
中其他幻灯片中需要添
加动画的对象,进行动
画的复制。再次单击"动
画刷"按钮,结束复制。

"动画刷"与"格式
刷"功能类似,可以快
速使目标对象拥有和源
对象相同的动画设置。

8. 设置好各幻灯片的动画
效果后,单击"预览"
按钮,可以查看动画的
效果。

动画效果如图所示。

»☞ 设置放映排练计时

排练计时可为演示文稿的每一张幻灯片中的对象设置具体的放映时间，放映时可按照设置好的时间和顺序进行放映。

1. 选中第 1 张幻灯片，单击"幻灯片放映"选项卡。

2. 单击"幻灯片放映"选项卡→"设置"组→"排练计时"按钮。

3. 进入放映排练状态，幻灯片将全屏放映，同时打开"录制"工具栏并自动开始计时，此时可单击鼠标左　或按"Enter"键放映幻灯片中的下一个对象，进行排练。

4. 单击"录制"工具栏中的 ➡ 按钮切换到下一张幻灯片，工具栏中的时间将从头开始为当前幻灯片的放映进行计时。

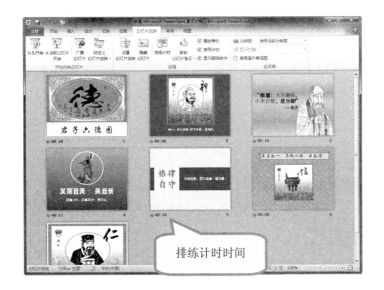

排练完毕后将打开提示对话框，提示是否保留排练时间，单击"是"按钮进行保存。

PowerPoint 自动切换到"幻灯片浏览"视图中，在该视图中的每张幻灯片左下角将显示该幻灯片的播放时间。

使用排练计时，可使演示文稿进行自动放映而无需用户手动操作。

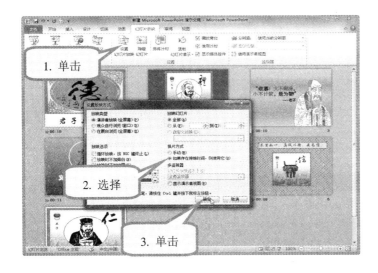

1. 单击"幻灯片放映"选项卡中的"设置幻灯片放映"按钮。

2. 在打开的"设置放映方式"对话框中，选择"换片方式"中的"如果存在排练时间，则使用它"项。

3. 单击"确定"按钮。

实例 9　制作中国古镇宣传动画

☞ 学习情境

　　乌镇、周庄和同里是中国江南地区非常著名的水乡古镇，同时也是中外游客非常喜欢的旅游胜地。恰好，翠园社区最近准备制作一些关于中国旅游景点的宣传动画，既可以向广大社区居民展现祖国的秀美风光，又可以让有旅游意向的居民通过观看宣传动画选择合适的旅游地点。

☞ 编排效果

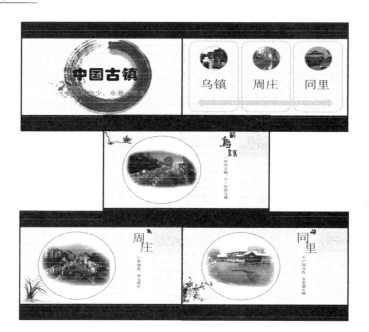

☞ 掌握技能

　　通过本实例，将学会以下技能：
- 利用复制的方式为幻灯片统一风格。
- 为幻灯片中的各种对象设置自定义动画效果。
- 为组合对象设置统一动画。
- 修改路径动画的运动轨迹。
- 剪裁音频文件并设置播放参数。
- 广播幻灯片。

»☞ 新建统一风格的幻灯片

为演示文稿内的幻灯片统一风格的方式有很多,如"主题"、"模板"、"背景"等方式都可以使演示文稿内的所有幻灯片变的协调统一。除了上述方式以外,通过复制幻灯片的方式也可以快速使演示文稿风格统一。

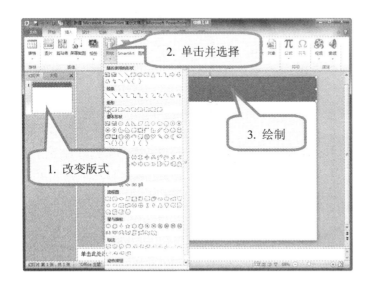

1. 启动 PowerPoint,单击"开始"选项卡→"幻灯片"组→"版式"按钮,在下拉列表中选择"空白"版式。
2. 单击"插入"选项卡→"形状"按钮,在下拉列表中选择"矩形"。
3. 拖动鼠标绘制如图所示的矩形,宽度和幻灯片宽度相同,高度适当。

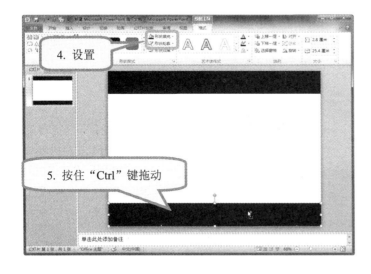

4. 在"绘图工具"→"格式"选项卡中,通过"形状填充"命令,将矩形填充色改为"黑色";通过"形状轮廓"命令,将矩形边框改为"无轮廓"。

5. 按住"Ctrl"键不放,同时按住鼠标左键将矩形拖动到幻灯片的最下方。

🔊 此方法可快速将一个对象复制成格式相同的多个对象。

将修改好的第 1 张幻灯片进行多次复制，并设置统一的"纹理填充"背景，就可以得到一组风格完全一样的幻灯片。

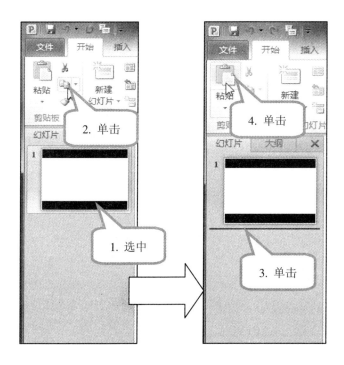

1. 选中修改好的第 1 张幻灯片。

2. 单击"开始"选项卡→"剪贴板"组→"复制"按钮。

3. 在幻灯片窗格中，单击第 1 张幻灯片下方空白处进行定位。

4. 多次单击"粘贴"按钮，生成多张完全相同的幻灯片。

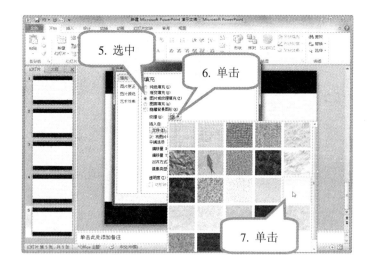

5. 右键单击任意一张幻灯片的空白处，在弹出菜单中选择"设置背景格式"命令。在打开的"设置背景格式"对话框中，选中"图片或纹理填充"项。

6. 单击"纹理"按钮。

7. 在下拉列表中选择"羊皮纸"样式，并单击"全部应用"按钮。

»☞ 制作封面幻灯片

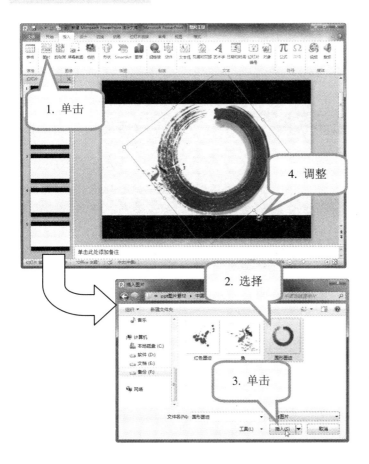

1. 单击"插入"选项卡→"图像"组→"图片"按钮。

2. 在打开的"插入图片"对话框中，定位并选择要插入的素材图片。

3. 单击"插入"按钮，将素材图片插入到幻灯片中。

4. 调整插入图片的大小、方向及相互之间的位置。

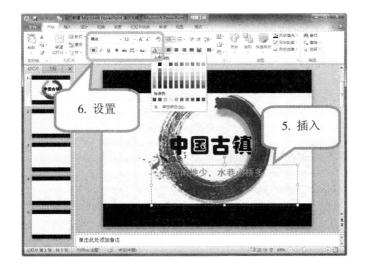

5. 插入 2 个横排文本框并输入内容，分别作为主标题和副标题。

6. 设置主标题文本格式为"华文琥珀"、"72"、"黑色"；设置副标题文本格式为"黑体"、"32"、"加粗"、"橙色"。

»☞ 制作第 2 张幻灯片

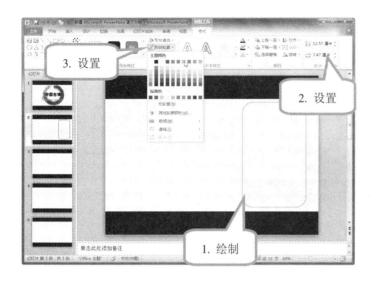

1. 单击"插入"选项卡→ "形状"按钮，选择 "圆角矩形"绘制在幻 灯片中。

2. 在"绘图工具"→"格 式"选项卡→"大小" 组中，设置绘制图形的 高度为"12.57 厘米"， 宽度为"7.47 厘米"。

3. 通过"形状填充"和"形 状轮廓"命令，设置图 形填充色为"无填充颜 色"、轮廓颜色为"橄 榄色"。

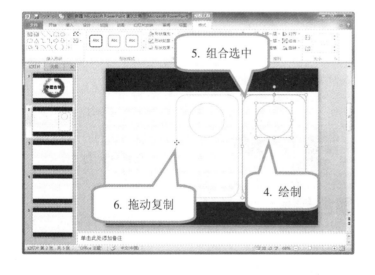

4. 在圆角矩形中合适的位 置绘制一个圆形，填充 色和轮廓色与圆角矩形 相同。

5. 按住"Shift"键不放， 单击鼠标左键依次选中 圆角矩形和圆形。

6. 按住"Ctrl"键不放， 拖动鼠标复制该组合 图形。

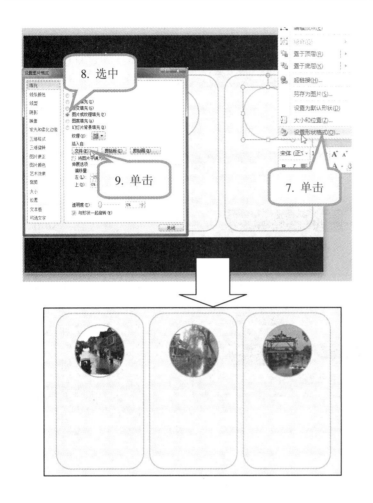

7. 右键单击圆形，在弹出菜单中单击"设置形状格式"命令。

8. 在弹出对话框中，选中"图片或纹理填充"项。

9. 单击"文件"按钮，并在弹出对话框中选择插入素材图片。

重复上述步骤，向其他 2 个圆形中插入图片，效果如图所示。

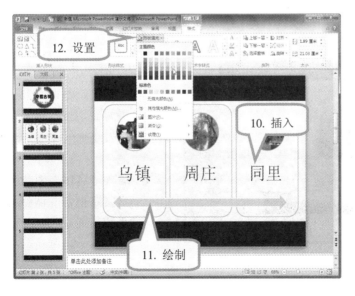

10. 插入 3 个文本框并输入内容，设置 3 个文本框中的文字为"方正古隶简体"、"57 号"。

11. 单击"插入"选项卡→"形状"按钮，绘制"左右箭头"图形。

12. 设置箭头图形的填充色为"橄榄色，40%淡色"，轮廓色为"白色"。

»☞ 制作第 3、4、5 张幻灯片

　　第 3、4、5 张幻灯片中的大部分元素都是相同的，只是插入的图片和位置以及文本框中的内容稍有区别。因此，可以首先制作出第 3 张幻灯片，然后将其复制为第 4、5 张幻灯片，稍加修改即可。

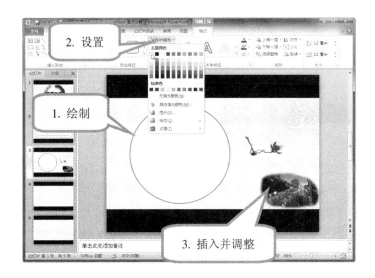

1. 单击"插入"选项卡→"形状"按钮，选择"椭圆"并按住"Shift"键绘制一个圆形。
2. 在"绘图工具"→"格式"选项卡中，设置圆形的填充色为"白色"，直径为"12 厘米"。
3. 单击"插入"选项卡→"图片"按钮，插入素材图片并调整其大小和位置。

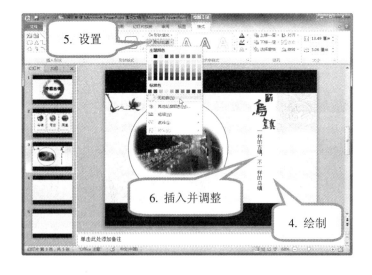

4. 单击"插入"选项卡中的"形状"按钮，绘制一个矩形。
5. 设置矩形填充色为"白色"，轮廓色为"无轮廓"。
6. 插入"乌镇"图片和垂直文本框，并调整其大小和位置。

将第 3 张幻灯片中部分对象通过"复制"、"粘贴"复制到第 4、5 张幻灯片中。

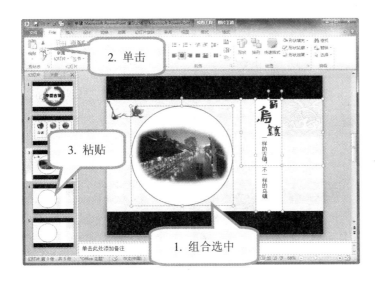

1. 按住"Ctrl"键不放，单击鼠标左键依次选中圆形、矩形和右上角的图片。

2. 单击"开始"选项卡→"剪贴板"组→"复制"按钮。

3. 分别在第 4、5 张幻灯片中单击"粘贴"按钮，将组合图形复制到幻灯片中。

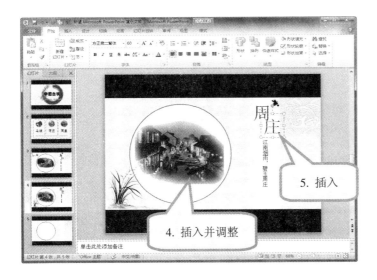

4. 选中第 4 张幻灯片，单击"插入"选项卡→"图片"按钮，插入素材图片并调整大小和位置。

5. 插入 2 个横排文本框和 1 个垂直文本框，分别输入"周"、"庄"和"江南烟雨，碧玉周庄"。设置各文本框中文字的格式，并调整相互之间的位置。

"方正隶二繁体"不属于软件自带字体，用户可以从网上下载字体库即可使用。

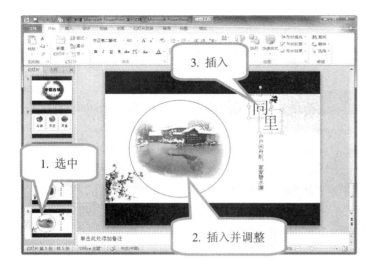

1. 选中第 5 张幻灯片。

2. 单击"插入"选项卡→"图片"按钮，插入素材图片并调整大小和位置。

3. 插入 2 个横排文本框和 1 个垂直文本框，输入如图所示的内容。设置各文本框中文字的格式，并调整相互之间的位置。

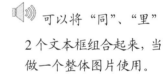 可以将"同"、"里" 2 个文本框组合起来，当做一个整体图片使用。

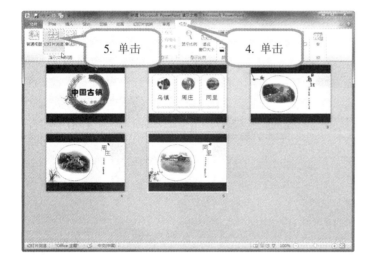

4. 单击"视图"选项卡。

5. 单击"演示文稿视图"组→"幻灯片浏览"按钮，切换到幻灯片浏览视图，观察所有幻灯片的效果。

»☞ 设置自定义动画

在 PowerPoint 中制作的动画与一般的 Flash 和电影动画等不同，PowerPoint 中的动画主要在一张幻灯片上实现。幻灯片中的文本、图片、多媒体等都可以添加动画。为演示文稿中的内容添加动画效果，可以使生硬、呆板的幻灯片变得生动、活泼。

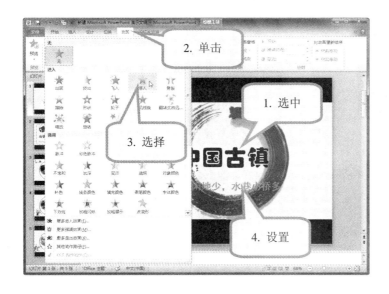

1. 在第 1 张幻灯片中，选中"中国古镇"文本框。

2. 单击"动画"选项卡。

3. 单击"动画"组→"其他"按钮⊡，在下拉列表中选择"进入"栏中的"浮入"效果。

4. 重复上述步骤，为副标题文本框添加"形状"效果。

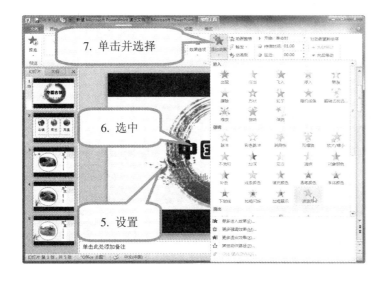

5. 使用相同的方法，分别设置红色墨迹图片为"擦除"效果、鲤鱼图片为"淡出"效果、圆形墨迹图片为"轮子"效果。

6. 选中主标题文本框。

7. 单击"添加动画"按钮，并从中选择"强调"栏中的"波浪形"效果。

🔊 通过"添加动画"按钮，可以为一个对象设置多个不同的动画效果。

◀157▶

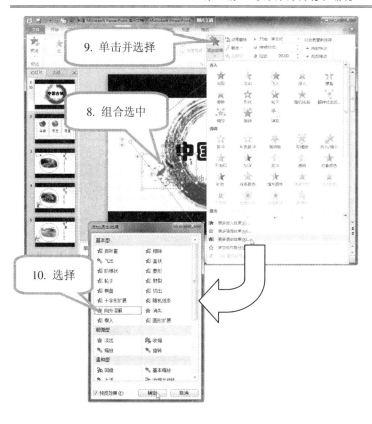

8. 按"Shift"键的同时选中鲤鱼、红色墨迹和圆形墨迹 3 张图片。

9. 单击"高级动画"组→"添加动画"按钮,在下拉列表中选择"更多退出效果"命令。

10. 在打开的"添加退出效果"对话框中,在"基础型"栏中选择"向外溶解"效果并单击"确定"按钮。

为对象添加效果时,系统将自动在幻灯片编辑窗口中,对设置了动画效果的对象进行放映,从而方便用户预览并决定是否选择该动画效果。

为幻灯片中的对象添加动画效果后,在添加动画效果的对象旁会出现数字标志,代表播放动画的顺序。

设置了多种动画效果的对象,设置效果的编号将并行排列。出现红色和绿色三角形表明添加了强调动画。

动画需要整个画面中的元素相互衬托，单一的动画有时会使整个画面显得更加单调。一般来讲，组合动画是路径动画与其他 3 种动画的结合。在第 2 张幻灯片中，将对 3 个圆角矩形设置组合动画。

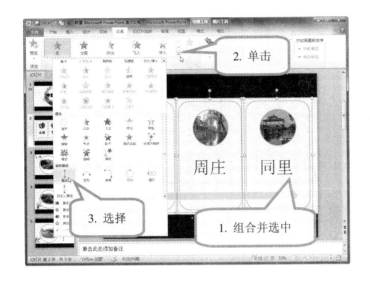

1. 分别将第 2 张幻灯片中的 3 个圆角矩形及其内部对象进行组合后，选中除箭头外的 3 个组合图形。
2. 单击"动画"选项卡→"动画"组→"其他"按钮。
3. 在下拉列表中选择"动作路径"栏中的"直线"效果。

🔊 红色和绿色箭头分别代表动作路径的终点和起点。

4. 使用鼠标单击箭头，当鼠标指针变成双向箭头时，按住鼠标左键不放并拖动箭头至合适位置后松开鼠标即可。

🔊 单击"动画"选项卡→"预览"按钮⭐，可以观看幻灯片中设置的所有动画效果。

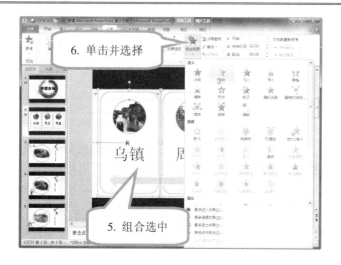

5. 选中 3 个组合图形。

6. 单击"添加动画"按钮，在下拉列表中选择"进入"栏中的"淡出"效果。

若对多个对象同时添加某种动画效果，在播放时多个对象的这种动画效果会同时进行播放。

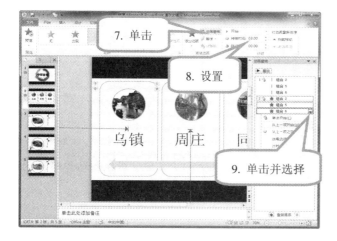

7. 单击"高级动画"组→"动画窗格"按钮，打开动画窗格。

8. 按住"Ctrl"键不放，选中所有第 2 步动画，并在"计时"组中设置持续时间为"3 秒"。

9. 在动画窗格中，单击第二个选项中组合 6 右侧的下拉箭头，从中选择"从上一项开始"选项。

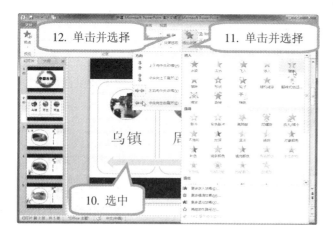

10. 选中左右箭头图形。

11. 单击"添加动画"按钮，从中选择"劈裂"效果。

12. 单击"效果选项"按钮，从中选择"中央向左右展开"选项。

为第 3 张幻灯片中的对象设置自定义动画。

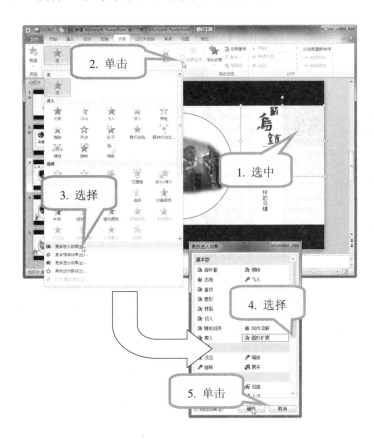

1. 选中第 3 张幻灯片中右上角的插图。

2. 单击"动画"选项卡→"动画"组右侧的"其他"按钮。

3. 在下拉列表中,选择"更多进入效果"项。

4. 打开"更改进入效果"对话框,选择"基本型"中的"圆形扩展"效果。

5. 单击"确定"按钮。

　　选择动画效果后,系统将自动把经常使用的动画效果置于"添加动画"列表的"进入"栏下,以供用户快速选择。

　　按照上述方法,依次为幻灯片中的其他对象设置"进入"效果,设置后的效果如图所示。

在第 3 张幻灯片中插入一张小船图片，通过设置"动作路径"动画，使小船从幻灯片左侧划入并从右侧划出。

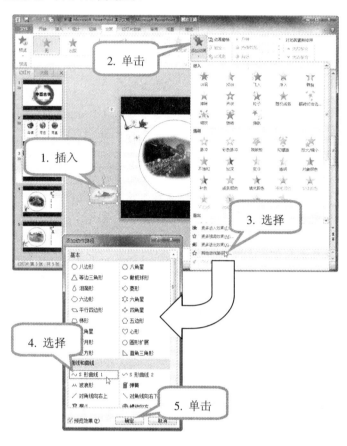

1. 在第 3 张幻灯片中插入"小船"图片，并将图片拖动到幻灯片以外的区域。

2. 单击"添加动画"按钮。

3. 在下拉列表中选择"其他动作路径"命令。

4. 打开"添加动作路径"对话框，选择"直线和曲线"栏中的"S 形曲线 1"效果。

5. 单击"确定"按钮。

对于一些运动轨迹相同的路径动画，必须将其对齐，否则在运动过程中会出现抖动的情况。

6. 选中动作路径，当鼠标指针变成双向箭头时，拖动鼠标调整路径的位置。

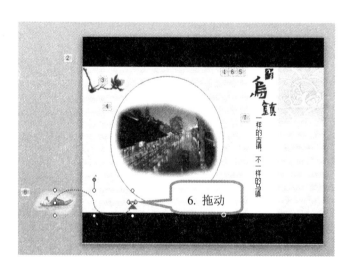

为小船图片再添加一个"退出"效果动画，设置两个动画的持续时间相同并且同步播放。

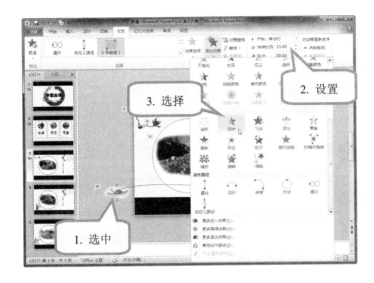

1. 选中小船图片。

2. 在"动画"选项卡→"计时"组→"持续时间"数值框中输入"15.00"，设置第 1 个路径动画的持续时间。

3. 单击"添加动画"按钮，并在下拉列表中选择"退出"栏中的"淡出"效果，为小船图片添加第 2 个动画效果。

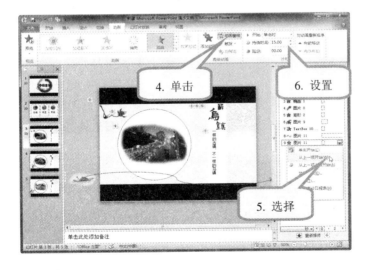

4. 单击"动画窗格"按钮。

5. 在打开的动画窗格中，单击"淡出"动画右侧箭头，并在下拉列表中选择"从上一项开始"项，使之和路径动画(动画 8)同步。

在动画窗格中，设置"从上一项开始"与在"计时"组中的"开始"下拉列表中设置"与上一动画同时"效果一致。

6. 在"计时"组设置动画的持续时间为"15.00"。

　　第 4、5 张幻灯片中的对象与第 3 张幻灯片中的类似，可以不必再逐一设置动画效果而采用动画刷的方式进行快速设置。

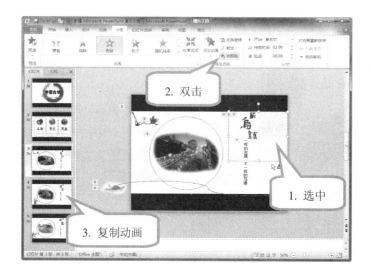

1. 选中第 3 张幻灯片中右上角的水波纹图片。

2. 双击"动画"选项卡→"高级动画"组→"动画刷"按钮，此时鼠标指针变成一个小刷子。

3. 分别单击第 4、5 张幻灯片中右上角的图片进行动画复制，使其具有和水波纹图片相同的动画效果。复制完成后，再次单击"动画刷"按钮取消复制。

　　重复上述步骤，将第 3 张幻灯片中其余对象的动画效果复制到第 4、5 张幻灯片中。复制后的效果如图所示。

　　如果对设置的动画不满意，可以重新选择动画效果进行替换，也可以在"动画窗格"中，单击动画效果右侧箭头，选择"删除"命令进行删除。

»☞ 插入并设置背景音乐

　　在默认情况下，插入幻灯片的音频文件只对当前幻灯片有效，切换到其他幻灯片时声音就会停止播放，而且插入幻灯片中的音频文件大部分时间不能与幻灯片的放映相契合，这就需要对插入的音频文件进行调整。

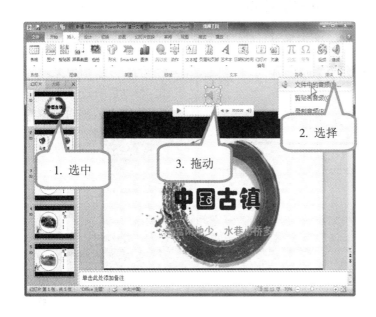

1. 选中第 1 张幻灯片。

2. 单击"插入"选项卡→"媒体"组→"音频"按钮，在下拉列表中选择"文件中的音频"命令。

3. 在打开的"插入音频"对话框中，选择并插入音频素材，并将插入的音频图标拖动到幻灯片以外的区域。

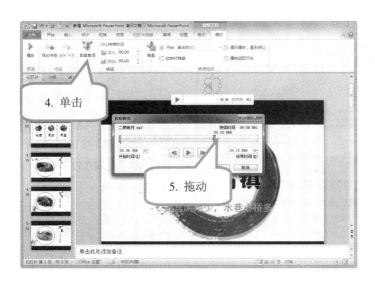

4. 单击"音频工具"→"播放"选项卡→"编辑"组→"剪裁音频"按钮。

5. 在打开的"剪裁音频"对话框中，将鼠标移至音轨红色滑块上，单击鼠标左键不放进行拖动。

　　移动绿色和红色滑块的位置决定了对音频进行剪裁的起点和终点，可以在时间轴下方的 2 个数值框中精确设置开始和结束的时间点。

6. 单击"音量"按钮,在下拉列表中选择"中"项。

7. 在"编辑"组→"淡入"和"淡出"数值框中,分别输入"03.00"秒。使音频文件在播放时,其开始和结束处有 3 秒的淡入淡出效果。

8. 在"声音选项"组中,选中"放映时隐藏"和"循环播放,直到停止"复选框。

插入声音时应注意声音文件的播放时间是否能与幻灯片的播放时间配合,且一定要在对应的幻灯片中插入音频文件。

9. 单击"音频工具"→"格式"选项卡。

10. 单击"调整"组→"艺术效果"按钮,在下拉列表中选择"胶片颗粒"项。

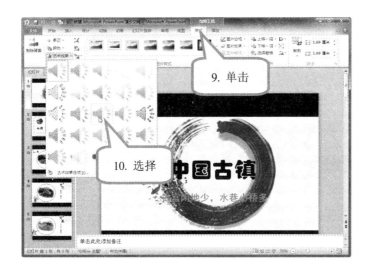

11. 单击"音频工具播放"选项卡→"播放"按钮,试听最终的音频效果。

»☞ 设置放映方式并广播幻灯片

除了常规的保存和分享方式外，我们还可以把演示文稿创建为广播幻灯片以供分享。通过创建分享链接，使观众通过该链接能直接观看幻灯片的放映。

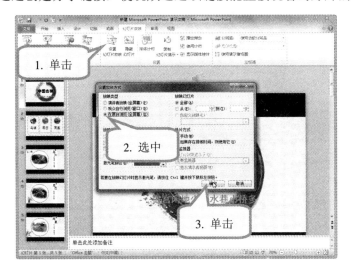

1. 单击"幻灯片放映"选项卡→"设置幻灯片放映"按钮。

2. 在打开的"设置放映方式"对话框中，选中"在展台浏览（全屏幕）"项。

3. 单击"确定"按钮。

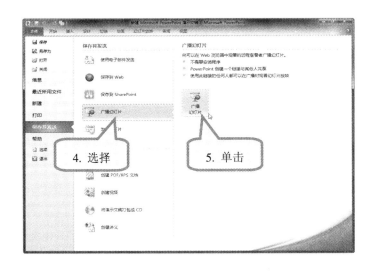

4. 在"文件"选项卡中，选择"保存并发送"项中的"广播幻灯片"项。

5. 单击"广播幻灯片"按钮。

用户需要有权访问装有 Office Web Apps 的服务器上的广播网站，才可以使用此功能。

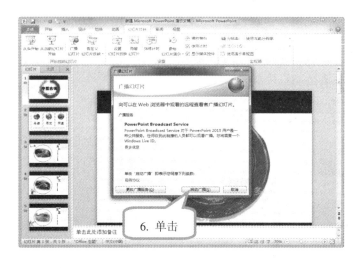

6. 在打开的"广播幻灯片"对话框中，单击"启动广播"按钮。

若服务器连接不成功，可先检查网络设置或换一个服务器再试。

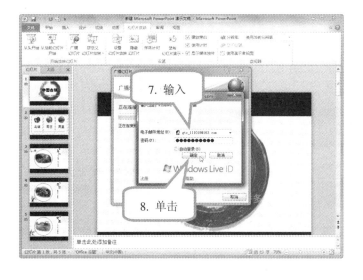

7. 系统连接服务器，在打开的对话框中输入电子邮件地址和密码。

输入的电子邮箱地址和密码就是 Windows Live ID。可登录 http://cn.msn.com 注册一个 ID 即可。

8. 单击"确定"按钮，登录成功后即可广播幻灯片。

广播成功后，用户需通过电子邮件等方式将幻灯片放映的 URL 发送给需要访问的用户。

实例 10 制作永升食品有限公司宣传手册

☞ 学习情境

老王是一名食品公司的下岗工人，在国家政策的扶持和社区工作人员的帮助下，靠着自己在食品公司多年积累的制作糕点的手艺做起了食品加工和零售生意。经过 10 年的努力打拼，公司规模从原来的小作坊发展成为有多家分支机构的食品公司。社区想把老王树立成为下岗职工创业的典型代表，希望老王能把 10 年来公司发展的情况做一个汇总，以便向社区内的下岗人员宣传。

☞ 编排效果

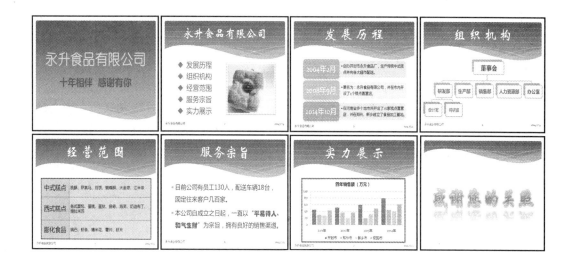

☞ 掌握技能

通过本实例，将学会以下技能：

- 利用"主题"创建演示文稿。
- 更改"主题"样式。
- 将文本转换为 SmartArt 图形。
- 设置艺术字渐变填充色。
- 设置幻灯片切换动画。
- 为幻灯片添加页眉页脚。
- 幻灯片隐藏与快速定位。

»☞ 利用"主题"创建演示文稿

创建新演示文稿的方法有很多，启动 PowerPoint 2010 后默认新建"空白演示文稿"。也可以通过"文件"选项卡中的"新建"命令，或采用其他方式新建演示文稿。

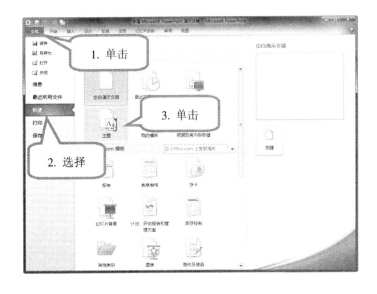

1. 启动 PowerPoint 2010 后单击"文件"选项卡。

2. 在"文件"选项卡中，选择"新建"项。

3. 单击"新建"项中的"主题"项。

🔊 新建演示文稿的方式有"空白演示文稿"、"主题"、"模板"和"根据现有内容新建"4 种。系统默认为"空白演示文稿"。

4. 在"主题"栏中，选择"奥斯丁"主题样式。

5. 单击"创建"按钮，PowerPoint 将新建一个使用"奥斯丁"主题的演示文稿。

🔊 利用"主题"新建的演示文稿将自动套用默认的幻灯片背景、配色和文字样式，用户可以不用另行设置。

»☞ 更改"主题"样式

如果对主题样式、配色或文字格式不满意，可以通过"设计"选项卡→"主题"组中的命令进行更改。

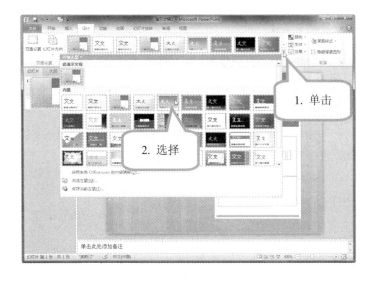

1. 单击"设计"选项卡→"主题"组右侧的"其他"按钮。

2. 在下拉列表中，选择"波形"主题样式。

通过"颜色"命令可以在不改变主题样式的前提下只改变主题的配色方案。

3. 单击"主题"组→"颜色"按钮。

4. 在下拉列表中，选择"气流"配色方案。

如果对现有配色方案不满意，可以选择"颜色"列表中的"新建主题颜色"命令进行自定义设置。

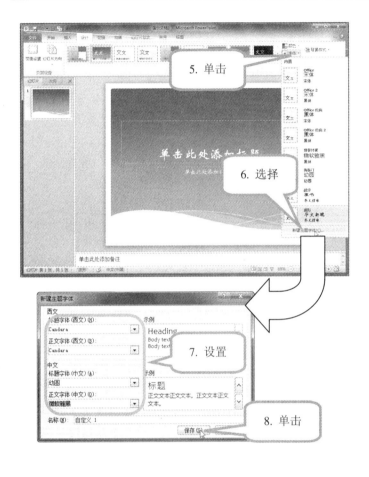

5. 单击"主题"组→"字体"按钮。

6. 在下拉列表中,选择"新建主题字体"命令。

7. 在打开的"新建主题字体"对话框中,分别设置标题和正文的字体。

8. 单击"保存"按钮。

设置主题字体后,在制作幻灯片时只需要更改文字的大小和颜色即可。

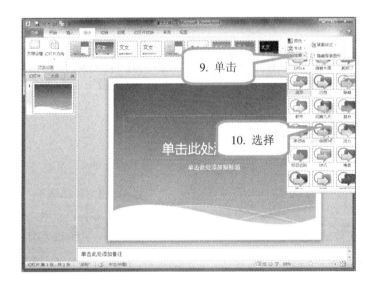

9. 单击"效果"按钮。

10. 在下拉列表中,选择"华丽"样式。

通过"效果"命令,可以设置幻灯片中插入的 SmartArt 图形的显示效果。

»☞ 制作封面幻灯片

1. 单击主标题文本框，
   输入"永升食品有限
   公司"。

2. 在"开始"选项卡→"字
   体"组中，设置字体颜
   色为"黄色"。

3. 设置字号为"72"、
   "加粗"。

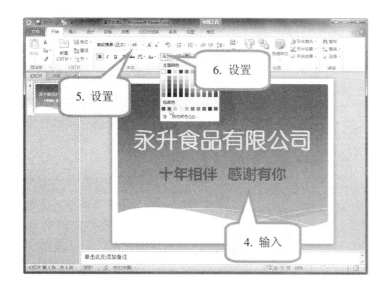

4. 单击副标题文本框，输入
   "十年相伴 感谢有你"。

5. 在"开始"选项卡→"字
   体"组中，设置副标题
   字号为"48"。

6. 单击"颜色"按钮，并
   在下拉列表中选择副标
   题字体颜色为"红色"。

»☞ 制作"目录"幻灯片

"目录"幻灯片用来向观众展示整个演示文稿内所包含的内容，方便观众选择观看。

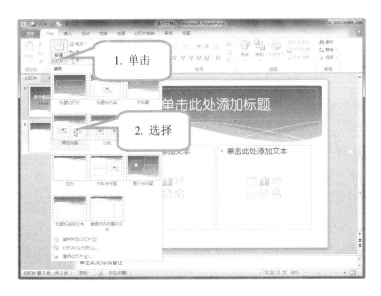

1. 单击"开始"选项卡→"幻灯片"组→"新建幻灯片"按钮。

2. 在下拉列表中，选择"两栏内容"版式，插入第2张幻灯片。

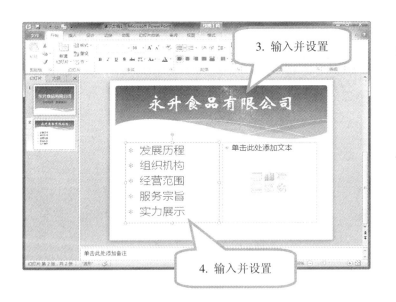

3. 在标题栏输入文本内容，并设置文本字体为"华文新魏"、字号为"60"。

4. 在左侧内容栏中，输入目录内容，并设置文本字体为"微软雅黑"、字号为"36"、字体颜色为"蓝色，强调文字颜色1，深色25%"。

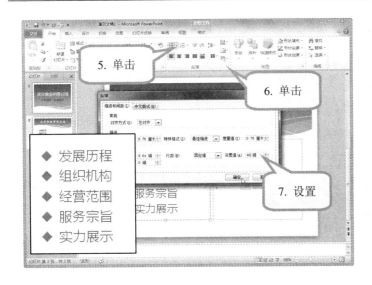

5. 选中左侧内容框，单击"段落"组→"项目符号"按钮，从中选择"钻石型项目符号"。

6. 单击"段落"组右下角的"功能扩展"![]按钮，打开"段落"文本框。

7. 单击"行距"栏右侧箭头并选择"固定值"，在"设置值"栏中输入"46磅"，单击"确定"按钮。

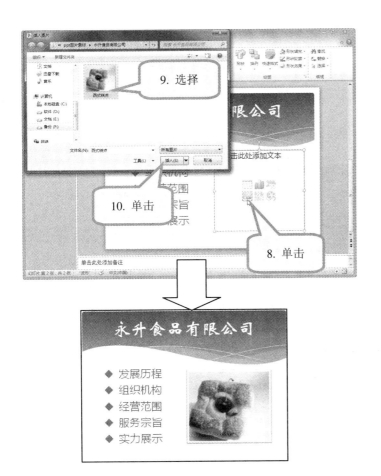

8. 单击右侧内容框中的"插入来自文件的图片"按钮。

9. 在打开的"插入图片"对话框中，选择要插入的素材图片。

10. 单击"插入"按钮。

适当调整左右 2 个内容框在幻灯片中的位置，最终效果如图所示。

»☞ 制作"发展历程"幻灯片

"发展历程"幻灯片向观众介绍了永升食品有限公司在 10 年发展道路上经历的一些具有里程碑意义的重大事件。但是，纯文本的表现方式会降低幻灯片的整体美观和可读性，可以将文本以 SmartArt 图形的形式展现出来。

1. 新建第 3 张版式为"标题和内容"的幻灯片。

2. 在标题文本框中输入"发展历程"。设置字体为"华文新魏"、字号为"72"。

3. 在正文文本框中输入内容文本。

🔊 按下键盘"Tab"键，可以增加段落的缩进量。

4. 选中正文文本框。

5. 单击"段落"组→"转换为 SmartArt 图形"按钮。

6. 在下拉列表中选择"垂直块列表"样式。

🔊 通过"转换 SmartArt 图形"命令可以将纯文本变 SmartArt 图形，提高了文本内容的可读性。

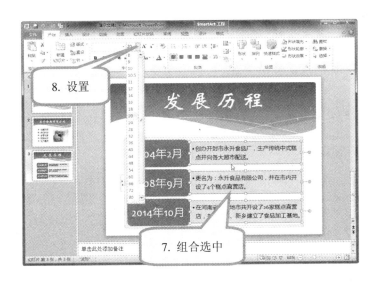

7. 按"Shift"键的同时单击鼠标左键依次选中图形左侧的 3 个文本框。

8. 在"字体"组设置字号为"20"。

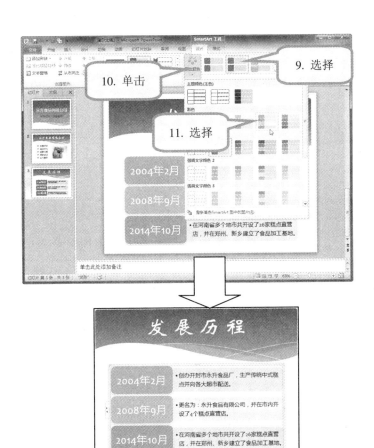

9. 单击外边框选中整个 SmartArt 图形。在 "SmartArt 工具"→"设计"选项卡→"SmartArt 样式"组中，选择"白色轮廓"样式。

10. 单击"更改颜色"按钮。

11. 在下拉列表中选择"彩色范围-强调文字颜色 4 至 5"样式。

效果如图所示。

»☞ 制作"组织机构"幻灯片

"组织机构"幻灯片以组织结构图的形式向观众展示了公司内部的机构组成。

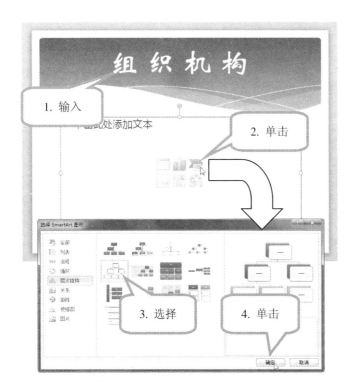

1. 新建第 4 张幻灯片，在标题栏输入"组织机构"。

2. 单击内容栏中的"插入 SmartArt 图形"按钮，打开"选择 SmartArt 图形"对话框。

3. 在对话框中，选择"层次结构"中的"层次结构"项。

4. 单击"确定"按钮。

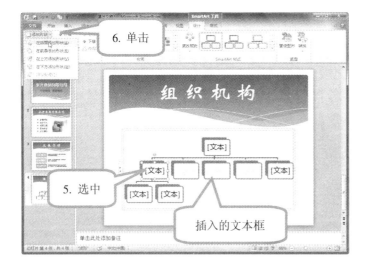

5. 单击选中图中第 2 层的第 1 个文本框。

6. 单击"SmartArt 工具"→"设计"选项卡→"添加形状"按钮。在下拉列表中，选择"在后面添加形状"命令，在第 2 层中添加 3 个文本框。删除多余的第 3 层文本框。

7. 依次在各文本框中输入如图所示的内容。

8. 设置各层文本框中文字的格式，并调整各文本框的大小和位置。

选中图形中的文本框，单击鼠标右键，在弹出菜单中选择"更改形状"命令，可以选择自选图形作为文本框。

9. 单击"SmartArt 工具"→"设计"选项卡→"SmartArt 样式"组→"更改颜色"按钮。

10. 在下拉列表中，选择"彩色"栏中的"彩色范围-强调文字颜色 3 至 4"。

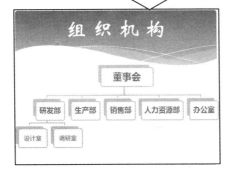

组织结构图中所有字体的大小通常以文字最多的文本框内的字体为标准，拖动文本框时，整个图中的文本框大小保持一致。最终效果如图所示。

»☞ 制作"经营范围"幻灯片

"经营范围"幻灯片以表格的形式向观众展示了公司都有哪些产品。

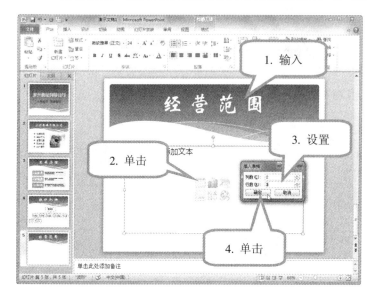

1. 新建第 5 张幻灯片,并在标题栏输入"经营范围"。

2. 单击内容框中的"插入表格"按钮。

3. 在打开的"插入表格"对话框中,设置插入表格的行数和列数。

4. 单击"确定"按钮,插入表格。

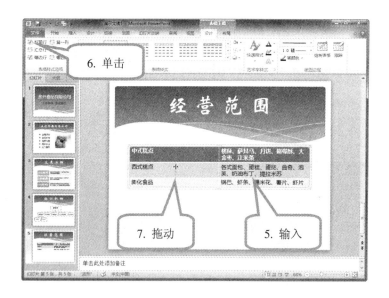

5. 在插入表格的各单元格中,依次输入如图所示的内容。

6. 在"表格工具"→"设计"选项卡→"表格样式选项"组中,单击取消"标题行"和"镶边行"的勾选状态。

7. 鼠标拖动表格中的列分界线,向左移动到合适的位置。

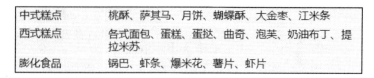

中式糕点	桃酥、萨其马、月饼、蝴蝶酥、大金枣、江米条
西式糕点	各式面包、蛋糕、蛋挞、曲奇、泡芙、奶油布丁、提拉米苏
膨化食品	锅巴、虾条、爆米花、薯片、虾片

效果如图所示。

在表格中输入内容后，还需要对文字的字体和段落格式以及表格的底纹和边框线进行设置，使整个表格更加美观。

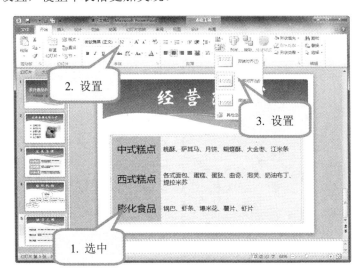

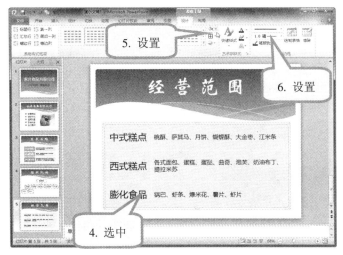

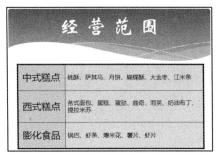

1. 选中表格第 1 列的所有单元格。

2. 在"开始"选项卡→"字体"组中，设置字号为"32"。

3. 在"段落"组中设置文字在单元格内水平和垂直方向均居中显示。

   按照上述步骤，设置第 2 列所有单元格中的文字字号为"20"、垂直方向居中显示。

4. 选中表格第 1 列的所有单元格。

5. 通过"表格工具"→"设计"选项卡→"底纹"命令，设置表格底纹颜色为"绿色"。同样的方法，设置第 2 列底纹颜色为"浅蓝"。

6. 在"绘图边框"组中，设置表格边框线的颜色为"黑色"，内部边框线粗细为"1 磅"、外边框线粗细为"4.5 磅"。

   最终效果如图所示。

»☞ 制作"服务宗旨"幻灯片

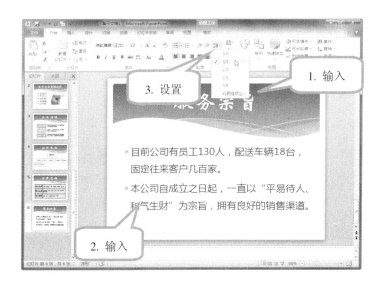

1. 新建第 6 张幻灯片，并在标题栏输入"服务宗旨"。

2. 单击正文栏，输入如图所示的内容。

3. 设置正文字号为"32"、行距为"1.5"倍行距。

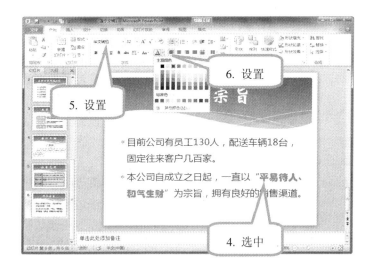

4. 选中正文第 2 段中的"平易待人、和气生财"文本。

5. 在"开始"选项卡→"字体"组中，设置选中文本的字体为"华文琥珀"。

6. 单击"颜色"按钮，在下拉列表中选择字体颜色为"红色"。

»☞ 制作"实力展示"幻灯片

"实力展示"幻灯片以图表的形式向观众展示了永升食品有限公司近年来的销售业绩。

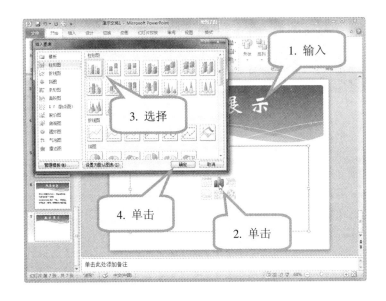

1. 新建第 7 张幻灯片，并在标题栏输入"实力展示"。

2. 单击内容栏中的"插入图表"按钮，打开"插入图表"对话框。

3. 在对话框中，选择"柱形图"项中的"簇状柱形图"。

4. 单击"确定"按钮。

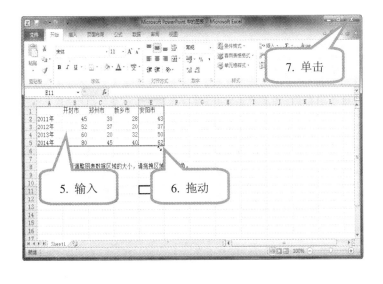

5. 在打开的数据表中，输入如图所示的数据。

6. 鼠标拖动数据区域边框线，使得所有数据均在边框范围内。

7. 单击右上角的"关闭"按钮。

🔊 数据区域边框线包含的部分才会显示在图表中。

插入图表后可以对图表的布局和格式进行调整，使图表和幻灯片中的其他元素更加协调统一。

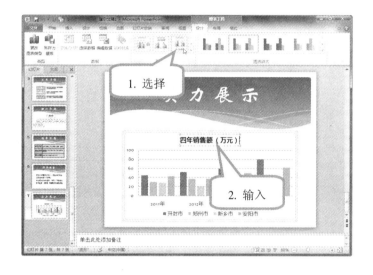

1. 选中整张图表，并在"图表工具"→"设计"选项卡→"图表布局"组中，选择"布局 3"样式。

2. 在图表标题栏输入"四年销售额（万元）"。

　　柱形图常用于简洁素雅的画面中，并采用鲜艳的颜色凸显效果。

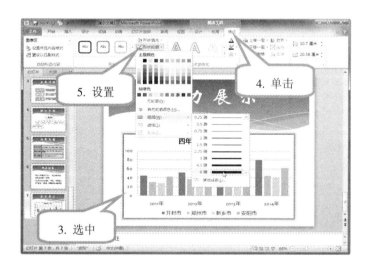

3. 单击外边框选中整张图表。

4. 单击"图表工具"→"格式"选项卡。

5. 单击"形状轮廓"按钮，并在下拉列表中选择图表边框线颜色为"蓝色"、粗细为"6 磅"。

　　不同的图表类型适合表现不同的数据，柱形图常用于描述一段时间内数据的变化或对各项之间进行比较。

»☞ 制作"致谢"幻灯片

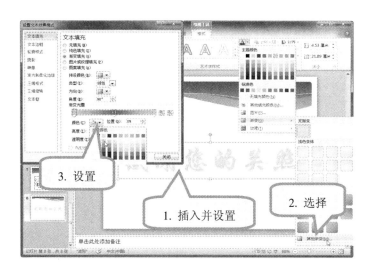

1. 单击"插入"选项卡→"艺术字"按钮,任意选择一种艺术字样式输入"感谢您的关照"。设置艺术字字体为"华文行楷"、"100"号。

2. 选中艺术字文本框,单击"绘图工具格式"选项卡中的"文本填充"按钮,在下拉列表中选择"渐变"项中的"其他渐变"命令。

3. 在打开的"设置文本效果格式"对话框中,选择"渐变填充"并设置"渐变光圈"上各停止点的颜色。

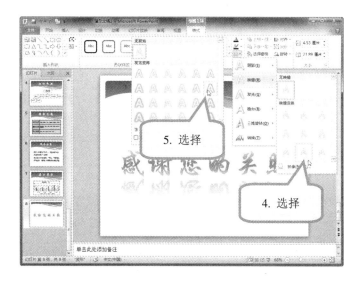

4. 单击"文字效果"按钮,在下拉列表中选择"映像"组中的"半映像"效果。

5. 在"发光"组选择"红色,5 pt 发光"效果。

最终效果如图所示。

»☞ 添加页眉页脚

　　页眉页脚是指显示于每张幻灯片顶端和底部的幻灯片编号、日期、单位名称等文本或图片信息，用户可以根据需要添加页眉和页脚，并将其赋予每一张幻灯片。为幻灯片添加页眉页脚的方式有 2 种：使用"页眉页脚"命令或使用"母版"。

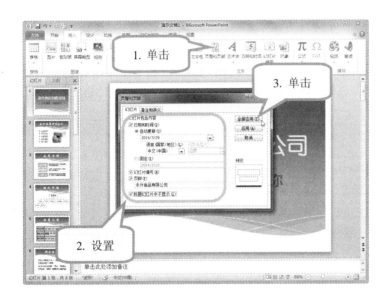

1. 单击"插入"选项卡→"文本"组→"页眉和页脚"按钮。

2. 在打开的"页眉和页脚"对话框中，勾选中"日期和时间"、"幻灯片编号"、"页脚"和"标题幻灯片中不显示"4项。设置日期和时间为"自动更新"并在页脚文本框输入如图所示的内容。

3. 单击"全部应用"按钮。

　　选择"自动更新"选项后，幻灯片中的日期和时间会随着电脑系统的日期和时间改变。

4. 按住"Ctrl"键依次选中"页脚"、"页码"和"日期"3个文本框。

5. 设置字号为"14"号。将后几张幻灯片的页脚文本的字号也设置为"14"号。

»☞ 设置幻灯片切换动画

在 PowerPoint 中除了可以给幻灯片中的各种对象设置动画效果外，还可以对幻灯片的切换效果设置动画，缓解幻灯片切换时产生的单调感。

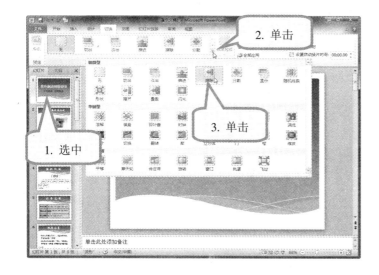

1. 选中第 1 张幻灯片。

2. 单击"切换"选项卡→"切换到此幻灯片"组右侧的"其他"按钮。

3. 在下拉列表中选择"细微型"栏中的"擦除"切换效果。

可以依次选中每一张幻灯片并设置不同的切换效果。但考虑到整体的统一，通常一个演示文稿内的所有幻灯片设置的切换效果不应超过 3 个。

4. 单击"切换"选项卡→"效果选项"按钮，在下拉列表中选择"从左下部"效果。

5. 设置切换效果的持续时间为"02.00"秒。

6. 单击"全部应用"按钮，演示文稿内所有幻灯片均采用同样的切换效果。

»☞ 隐藏与快速定位幻灯片

在幻灯片放映的过程中，系统将自动设置放映方式为逐张放映，若遇到不需要放映的幻灯片，可以将其隐藏。隐藏的方式有 2 种：使用"幻灯片放映"选项卡中的"隐藏幻灯片"命令，或者使用"幻灯片放映"选项卡中的"自定义幻灯片放映"命令。

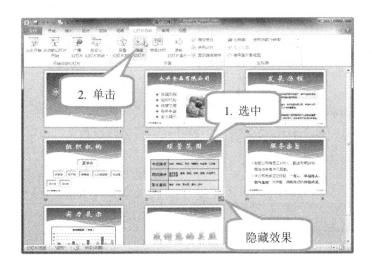

1. 在"视图"选项卡中，将演示文稿切换到"幻灯片浏览"视图，并选中需要隐藏的幻灯片。

2. 单击"幻灯片放映"选项卡→"隐藏幻灯片"按钮。

　　隐藏后的幻灯片编号显示为 🔲。

🔊 选中隐藏的幻灯片，并再次单击"隐藏幻灯片"按钮，可以取消幻灯片的隐藏状态。

　　按"F5"键放映演示文稿。在放映界面中单击鼠标右键，在弹出的快捷菜单中选择"定位至幻灯片"命令可以快速定位到所选的幻灯片。

🔊 放映演示文稿时，无论当前放映哪一张幻灯片，使用该方法就可以快速定位到指定的幻灯片进行放映。

实例 11 制作社区超市商品价格调查报告

☞ 学习情境

　　卫生路社区内有一家社区超市，经营蔬菜、肉类、水果以及各种日常生活用品。近期，社区居民舍近求远到市内大超市购物的情况比较普遍，社区超市的负责人小关通过走访社区群众得知大超市在商品价格和售后服务方面优于社区超市。于是，她决定到市内各大超市进行调查并制作调查报告，通过分析调查报告调整社区超市的经营方式，以便更好地为广大社区居民服务。

☞ 编排效果

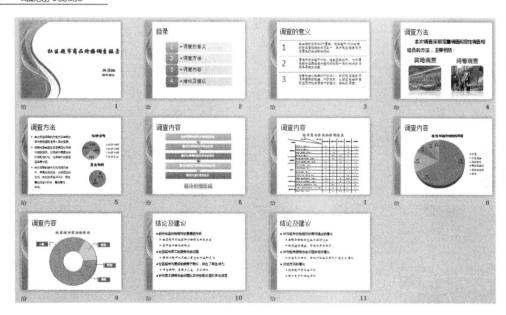

☞ 掌握技能

通过本实例，将学会以下技能：

- 利用"模板"创建演示文稿。
- 删除模板中的节并调整模板结构。
- 设置图表的布局、数据标签及三维效果。
- 更改 SmartArt 图形样式。
- 在幻灯片中导入 Excel 数据表。
- 利用自选图形手动绘制图表。
- 设置幻灯片自定义放映。

»☞ 利用"模板"创建演示文稿

使用"模板"也是 PowerPoint 新建演示文稿的一种方法。所谓"模板",就是已经设置好背景样式、内容格式、动画和切换效果的一套幻灯片,用户只需在其中添加内容并稍作调整即可。使用"模板"制作演示文稿将大大减少用户制作幻灯片的工作量。

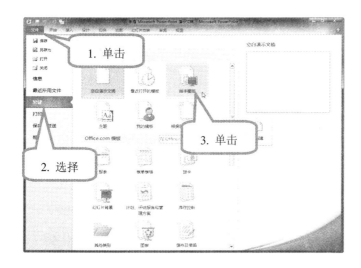

1. 启动 PowerPoint 2010 后单击"文件"选项卡。

2. 在"文件"选项卡中,选择"新建"命令。

3. 单击"新建"命令中的"样本模板"选项。

🔊 　"模板"分为样本模板(本地模板)和 Office.com 模板(网络模板)。

4. 在"样本模板"栏中,选择"培训"模板样式。

5. 单击"创建"按钮,PowerPoint 将新建一个使用"培训"模板的演示文稿。

🔊 　"样本模板"可以直接使用,而"Office.com模板"则需要先从网络上下载才可以使用。

»☞ 删除节并调整模板中的幻灯片

当用户遇到一个庞大的演示文稿，其幻灯片标题和编号混杂在一起而又不能导航(利用超链接把相互关联的幻灯片联系在一起)演示文稿时，将完全不知道自己当前正在浏览的幻灯片在整个演示文稿中所在的位置。为了使整个演示文稿更有层次，查找某一张或多张幻灯片时更为快捷，可以使用 PowerPoint 2010 中新增的"节"功能来对演示文稿进行层次管理。

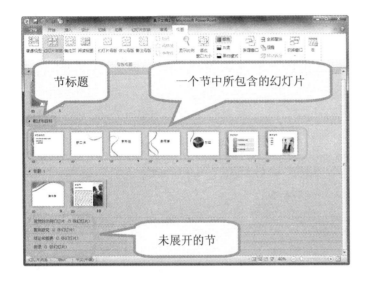

使用"样本模板"或"Office.com 模板"建立某些内容层次化的演示文稿时，演示文稿将自动创建若干"节"来使整套演示文稿的层次更为清晰。从图中可以看到，整套演示文稿共由 19 张幻灯片组成，按照不同的幻灯片类型被划分到 7 个节中。单击"节标题"左侧的 ▶ 按钮，可以看到该节所包含的所有幻灯片。

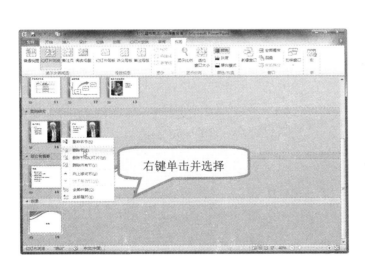

右键单击要删除的节，在弹出的菜单中选择"删除节"命令，则节被删除而节中所包含的幻灯片自动归入上一个节中。

🔊 使用"删除节和幻灯片"命令，则该节及其所包含的所有幻灯片均被删除。

　　用户选择的模板在其幻灯片结构和内容上并不一定和实际情况完全相符，可以调整模板中幻灯片的顺序以及幻灯片中的内容，以便开展后续工作。

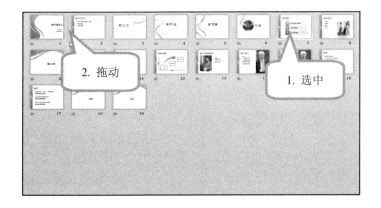

1. 选中需要移动位置的幻灯片。

2. 按住鼠标左键不放，将幻灯片拖动到演示文稿中合适的位置。

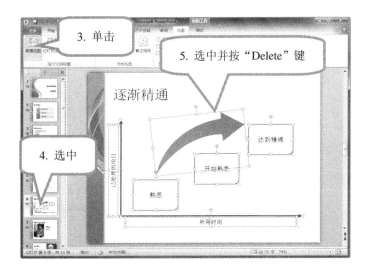

3. 单击"视图"选项卡中的"普通视图"按钮，切换到普通视图。

4. 在"幻灯片"窗格中选中需要调整内容的幻灯片。

5. 组合选中不需要的对象，并按键盘上的"Delete"键将其删除。

　　只有在"普通视图"下才可以修改幻灯片中的内容。

　　调整后模板中的幻灯片效果如图所示。

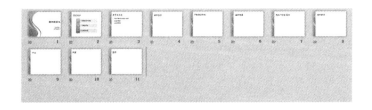

»☞ 制作封面幻灯片

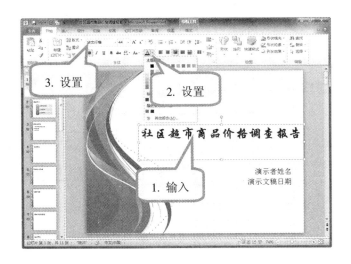

1. 单击主标题文本框，输入"社区超市商品价格调查报告"。

2. 在"开始"选项卡→"字体"组中，设置文字颜色为"深蓝"。

3. 设置字体为"华文行楷"。

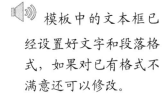　模板中的文本框已经设置好文字和段落格式，如果对已有格式不满意还可以修改。

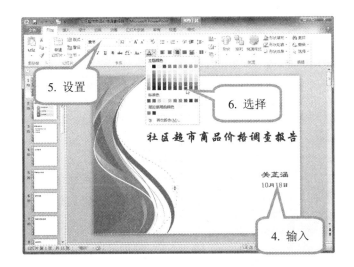

4. 单击副标题文本框，输入作者姓名和制作时间。

5. 在"开始"选项卡→"字体"组中，设置字体为"隶书"、字号为"32"号。

6. 单击"颜色"按钮，在下拉列表中选择副标题文字颜色为"紫色，深色 50%"。

»☞ 制作"目录"幻灯片

"目录"幻灯片用来向观众展示整个演示文稿内所包含的内容，该调查报告主要包括 4 个方面的内容：调查的意义、调查方法、调查内容、结论及建议。

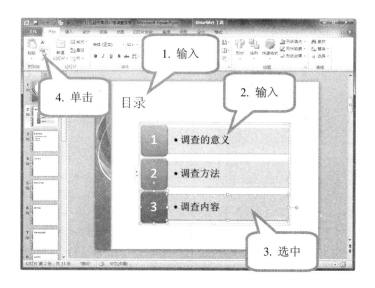

1. 在第 2 张幻灯片中，修改标题文字为"目录"。

2. 修改 SmartArt 图形中文本框的内容。

3. 组合选中图形第 3 行的数字框和文本框。

4. 单击"开始"选项卡→"复制"按钮。

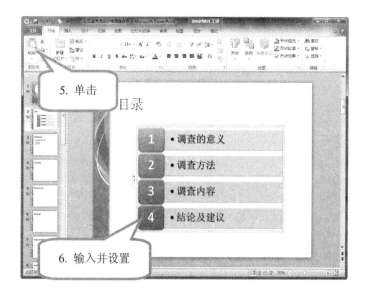

5. 单击 SmartArt 图形外边框选中整个图形，单击"开始"选项卡→"粘贴"按钮。

6. 修改粘贴后第 4 行文本框中的数字及文本内容，并修改其文字格式与前 3 行一致。

»☞ 制作"调查的意义"幻灯片

"调查的意义"幻灯片阐明了此次进行商品价格调查的意义所在，可以采用纯文本的形式逐条列举出来。但是，纯文本的表现方式会降低幻灯片的整体美观和可读性，可以将文本以 SmartArt 图形的形式展现出来。

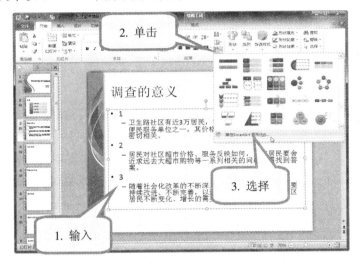

1. 在第 3 张幻灯片的标题栏中输入"调查的意义"，在正文栏中输入文本内容。

2. 单击"开始"选项卡→"段落"组→"转换为 SmartArt 图形"按钮。

3. 在下拉列表中，选择"其他 SmartArt 图形"命令。

　　正文将数字和文字分两级进行输入的目的是为了生成 SmartArt 图形后，数字可以单独列出。

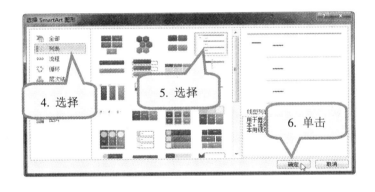

4. 在打开的"选择 SmartArt 图形"对话框中，选择"列表"项。

5. 在"列表"项中，选择"线型列表"样式。

6. 单击"确定"按钮。

　　通过"SmartArt 工具设计"选项卡中的"更改颜色"命令，图形改为"彩色"后的效果如图所示。

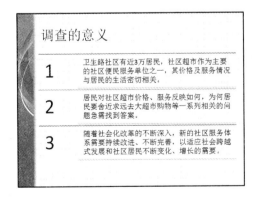

»☞ 制作"调查方法"幻灯片

　　"调查方法"幻灯片由 2 页组成。其中，第 1 页幻灯片说明了此次调查所使用的方法为：实地调查和问卷调查；第 2 页幻灯片则通过图表展示问卷调查的对象多样性。

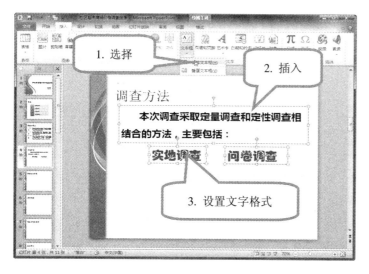

1. 在第 4 张幻灯片的标题栏中输入"调查方法"，并在"插入"选项卡中选择"横排文本框"命令。
2. 插入 3 个文本框并分别输入如图所示的内容。
3. 在"开始"选项卡中，设置黑色文字字体为"微软雅黑"、"32"号；红色文字字体为"华文琥珀"、"40"号。

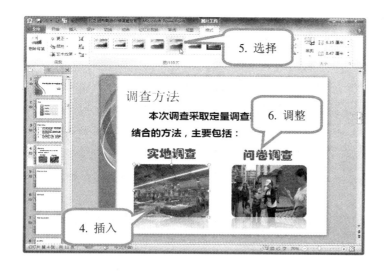

4. 单击"插入"选项卡→"图片"按钮，从计算机中选择并插入素材图片。适当调整插入图片的大小和位置。
5. 在"图片工具"功能区→"格式"选项卡→"图片样式"组中，设置 2 张素材图片均为"映像圆角矩形"样式。
6. 调整 2 个红色文字文本框的位置，使其处于图片上方居中的位置。

　　"调查方法"幻灯片的第 2 页由文本和图表组成，需要在幻灯片中分别插入文本框和图表来完成。

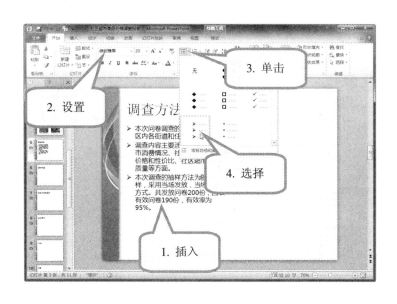

1. 在第 5 张幻灯片中，插入 1 个横排文本框并输入内容。

2. 设置文本框中文字格式为"微软雅黑"、"20"号。

3. 选中文本框并单击"项目符号"按钮。

4. 在下拉列表中，选择"箭头项目符号"。

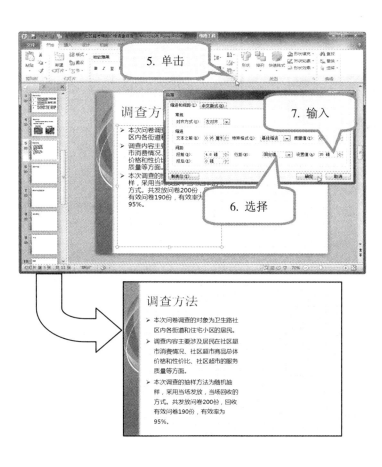

5. 单击"段落"组右下角的"功能扩展" 按钮，打开"段落"对话框。

6. 在对话框的"行距"选项栏中，选择"固定值"。

7. 在"设置值"栏中输入"35 磅"。

文本框格式设置完成后的效果如图所示。

插入 2 个图表分别展示问卷调查对象的年龄结构和男女比例，可以采用适合表达比例关系的饼状图表来展示。

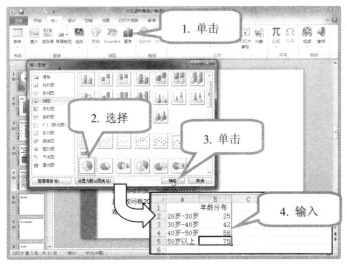

1. 单击"插入"选项卡→"图表"按钮。

2. 在打开的"插入图表"对话框中，选择"饼图"。

3. 单击"确定"按钮。

4. 在打开的图表数据表格中，输入如图所示的数据。输入完成后，关闭该数据表。

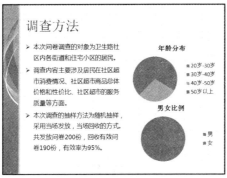

　　重复上述步骤，插入"男女比例"饼图。调整 2 张图表的大小和位置后效果如图所示。

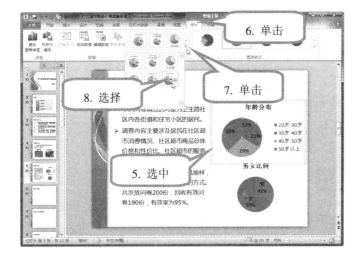

5. 单击图表区边框，选中整张图表。

6. 单击"图表工具"功能区→"设计"选项卡。

7. 单击"图表布局"组右下角的 ▽ 按钮。

8. 在下拉列表中，选择"布局 6"。重复上述步骤，设置"男女比例"图表为"布局 1"。

»☞ 制作"调查内容"幻灯片

"调查内容"幻灯片共有 4 页，分别展示了超市价格形成、超市商品价格抽样调查和消费群体问卷调查数据统计分析。

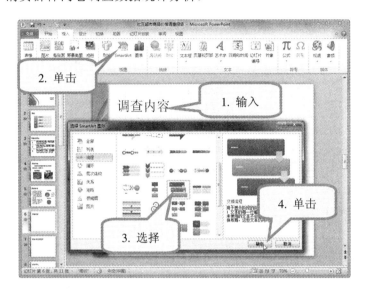

1. 在第 6 张幻灯片的标题栏中输入"调查内容"。

2. 单击"插入"选项卡→"SmartArt"按钮。

3. 在打开的"选择 SmartArt 图形"对话框中，选择"流程"→"交错流程"样式。

4. 单击"确定"按钮插入 SmartArt 图形。

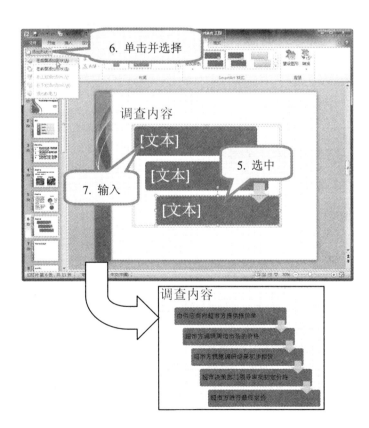

5. 选中 SmartArt 图形中最下方的文本框。

6. 单击"SmartArt 工具"功能区→"设计"选项卡→"添加形状"按钮，并在下拉列表中选择"在后面添加形状"命令，再多插入 2 个文本框。

7. 分别在 5 个文本框中输入内容。

效果如图所示。

　　在插入的 SmartArt 图形中输入文本内容后，小关发现该图形样式和幻灯片整体结构不太搭配，于是她决定改变图形样式并对图形进行适当美化，使 SmartArt 图形和幻灯片风格更加统一。

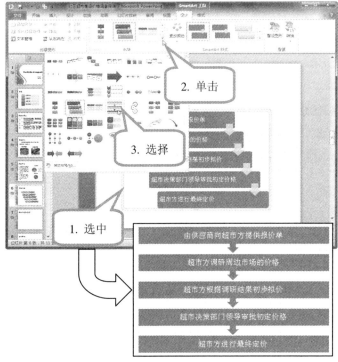

1. 选中整张 SmartArt 图形。

2. 单击"SmartArt 工具"功能区→"设计"选项卡→"布局"组中的"其他"按钮。

3. 在下拉列表中，选择"分段流程"样式。

　　如果对 SmartArt 图形的布局、颜色或样式不满意，则单击"重设图形"按钮将 SmartArt 图形恢复到初始状态。

4. 单击"SmartArt 工具"功能区→"设计"选项卡→"更改颜色"按钮。

5. 在下拉列表中，选择"彩色-强调文字颜色"样式。

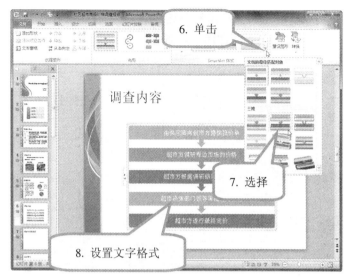

6. 单击"SmartArt 样式"组中的"其他"按钮 ▼。

7. 在下拉列表中，选择"三维"项中的"嵌入"样式。

8. 在"开始"选项卡中，设置文本框中的文字格式为"微软雅黑"、"20号"、"加粗"。

9. 单击"插入"选项卡→"文本"组→"艺术字"按钮，并在下拉列表中选择如图所示的艺术字样式。

10. 在艺术字文本框中，输入"超市价格形成"，并设置其文字格式为"微软雅黑"、"32"、"加粗"。

单击"SmartArt 工具"功能区→"设计"选项卡→"转换"按钮，可以选择将图形转换为形状。该功能类似于将多张图片组合为一个整体。

适当调整 SmartArt 图形和艺术字的大小和位置后，效果如图所示。

　　"调查内容"幻灯片的第 2 页为"超市商品价格抽样调查"，是小关通过到市内各超市进行实地调查后制作的一张数据表，表中记录了抽样商品在各超市的售价。

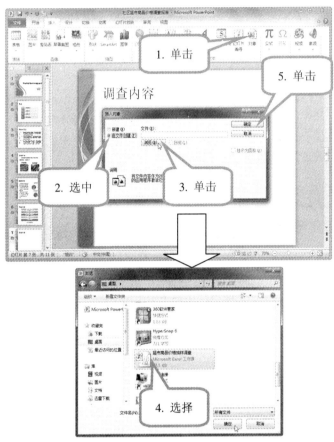

1. 在第 7 张幻灯片中，单击"插入"选项卡→"文本"组→"对象"按钮。

2. 在打开的"插入对象"对话框中，选中"由文件创建"项。

3. 单击"浏览"按钮。

4. 在打开的"浏览"对话框中，选择要插入的 Excel 表格，并单击"确定"按钮。

5. 返回"插入对象"对话框，单击"确定"按钮将 Excel 表格插入到幻灯片中。

　　在 PowerPoint 中可直接导入 Word 或 Excel 中已经做好的表格，这种操作节省了制作时间，提高了工作效率。

6. 插入艺术字并设置艺术字格式为"楷体"、"28"、"加粗"。

"调查内容"幻灯片的第 3、4 页为"消费群体问卷调查数据统计分析",以图表的形式直观展现了问卷调查所反馈的结果。其中,第 3 页为"在社区超市购物的原因"三维饼图。

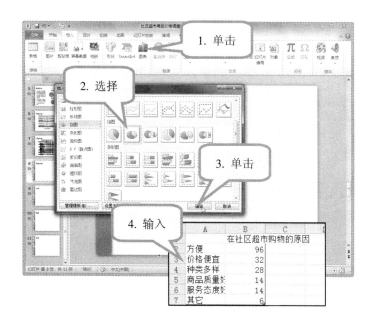

1. 在第 8 张幻灯片中,单击"插入"选项卡→"图表"按钮。

2. 在打开的"插入图表"对话框中,选择"三维饼图"样式。

3. 单击"确定"按钮。

4. 在打开的数据表中,输入如图所示的数据。

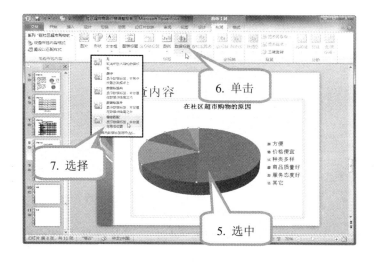

5. 选中插入图表的绘图区。

6. 单击"图表工具"功能区→"布局"选项卡→"数据标签"按钮。

7. 在下拉列表中,选择"最佳匹配"命令。

插入的图表默认不显示具体数据,可以通过"数据标签"命令在图表上显示具体数据。

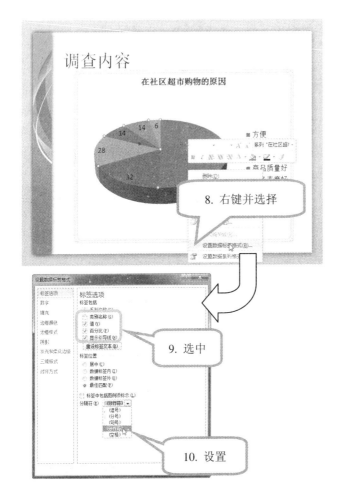

8. 右键单击绘图区，并在弹出的菜单中选择"设置数据标签格式"命令。

9. 在打开的"设置数据标签格式"对话框中，选中"值"、"百分比"和"显示引导线"3个复选框。

10. 在"分隔符"栏中设置分隔符样式为"分行符"。

在"设置数据标签格式"对话框中，可以自由选择需要显示的数据标签种类。

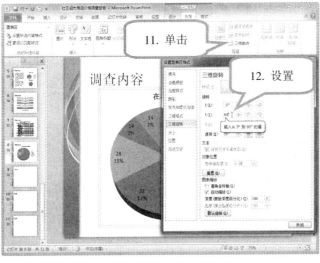

11. 单击"三维旋转"按钮，打开"设置图表区格式"对话框。

12. 在对话框的"三维旋转"项中，设置Y轴方向旋转"60°"。

　　"调查内容"幻灯片第 4 页展示的内容为"社区超市商品性价比"，小关准备采用自选图形手动绘制的方法来制作一张图表。

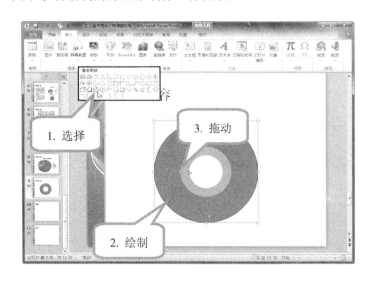

1. 在第 9 张幻灯片中，单击"插入"选项卡→"形状"按钮，并在下拉列表中选择"基本形状"内的"同心圆"形状。

2. 按住"Shift"键，同时按住鼠标左键拖动绘制出一个同心圆形。

3. 向圆心方向拖动内圆上的黄色控点，用来扩大圆环面积。

4. 在"绘图工具"功能区→"格式"选项卡中，设置同心圆的高度和宽度均为"12 厘米"。

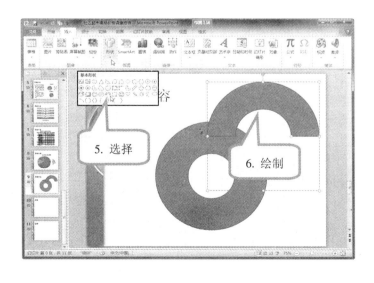

5. 单击"插入"选项卡→"形状"按钮，并在下拉列表中选择"空心弧"。

6. 按住"Shift"键拖动鼠标绘制空心弧，并设置空心弧的高度和宽度为"12 厘米"。

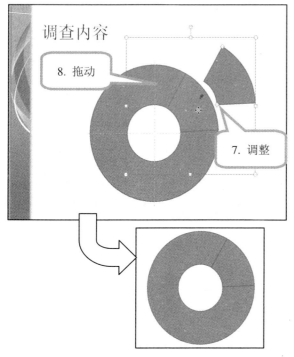

7. 通过空心弧上的 2 个黄色控点调整空心弧的形状，使之和同心圆的圆环部分宽度一致。

8. 将调整好的空心弧拖动到同心圆的圆环上，使其重合。

移动图形时系统会自动出现对齐线，帮助用户准确地将图形移动到合适的位置。

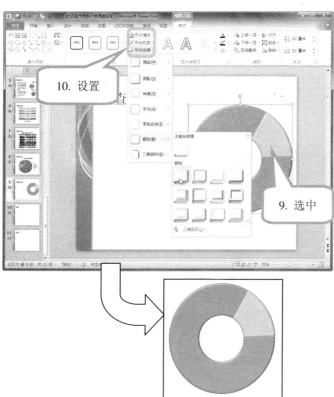

9. 单击鼠标左键选中空心弧。

10. 在"绘图工具"功能区→"格式"选项卡中，通过"形状填充"命令，设置填充色为"黄色"；通过"形状轮廓"命令，设置"无轮廓"；通过"形状效果"命令，设置"棱台"→"圆"效果。

　　重复上述步骤，将同心圆的填充色设置为"浅蓝"，轮廓和效果的设置和空心弧一致，效果如图所示。

通过绘制自选图形制作的图表没有对应的图例来表示图表中各部分的类别名称，需要通过"形状"中的"标注"图形手动绘制。

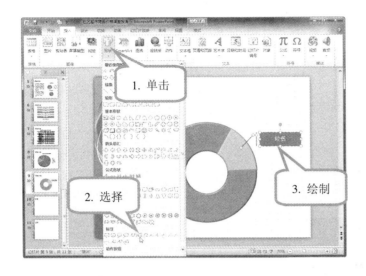

1. 单击"插入"选项卡→"形状"按钮。

2. 在下拉列表中，选择"线形标注 2"。

3. 绘制线形标注，并输入"较低"。

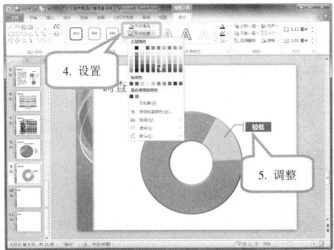

4. 在"绘图工具"功能区→"格式"选项卡中，通过"形状填充"和"形状轮廓"命令，将标注图形的填充色和轮廓色均设置为"红色，深色25%"。

5. 将图形中的文字格式设置为"微软雅黑"、"20"、"加粗"，并调整标注图形的大小及位置。

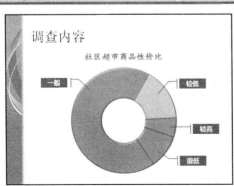

　　按照上述方法再绘制 2 个空心弧和 3 个线形标注，调整其效果和位置后将所有图形组合在一起。插入艺术字作为图表标题，最终效果如图所示。

»☞ 制作"结论及建议"幻灯片

　　"结论及建议"幻灯片共分 2 页：第 1 页的内容为通过对超市实地调查和居民问卷调查，进行总结所得到的结果；第 2 页的内容为根据调查结果分析得到的整改建议。

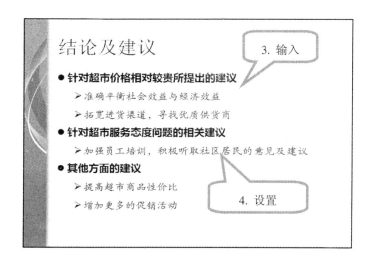

1. 在第 10 张幻灯片中输入如图所示的文本，并通过"Tab"键增加小字部分段落的缩进量。

2. 设置所有文本的格式，大字部分为"微软雅黑"、"24"、"加粗"；小字部分为"华文行楷"、"22"。

3. 在第 11 张幻灯片中输入如图所示的文本，并通过"Tab"键增加小字部分段落的缩进量。

4. 设置所有文本的格式，大字部分为"微软雅黑"、"24"、"加粗"；小字部分为"华文行楷"、"22"。

»☞ 设置幻灯片自定义放映

自定义放映是指选择性地只放映某一部分幻灯片，其主要操作为选择需要放映的幻灯片，将其另存为一个名称再进行放映，这类放映主要应用于大型演示文稿中幻灯片的放映。

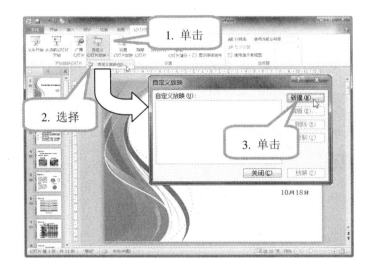

1. 单击"幻灯片放映"选项卡→"自定义幻灯片放映"按钮。

2. 在弹出的下拉列表中，选择"自定义放映"命令。

3. 在打开的"自定义放映"对话框中，单击"新建"按钮。

模板本身已经设置了动画和切换效果，使用模板创建的幻灯片可以直接放映。

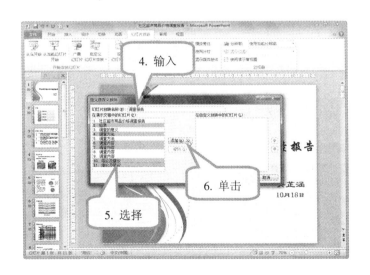

4. 在打开的"定义自定义放映"对话框的"幻灯片放映名称"文本框中，输入文本"调查报告"。

5. 在"在演示文稿中的幻灯片"列表中，按住"Ctrl"键不放分别单击选中需要放映的幻灯片。

6. 单击"添加"按钮。

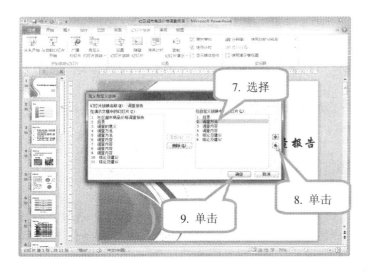

7. 在"在自定义放映中的幻灯片"列表中，选择"2. 调查方法"项。

8. 单击右侧的 ⬇ 按钮，将其下移一个位置。

9. 单击"确定"按钮，完成幻灯片的添加。

10. 返回"自定义放映"对话框，单击"放映"按钮即可进入幻灯片放映状态。

在"自定义放映"对话框中，单击"删除"按钮可移除选中的自定义放映幻灯片。

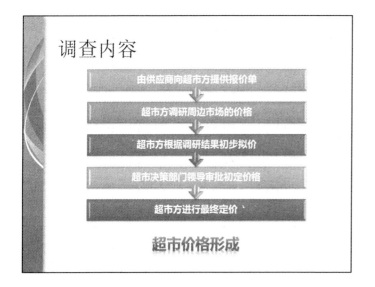

放映的第 2 页变成了"调查内容"。

第3篇

综 合 应 用

通过对第 1、2 篇中各实例的学习，我们不仅掌握了使用 PowerPoint 创建各种类型演示文稿的方法，还掌握了幻灯片中各种元素的美化、编排以及幻灯片动画的制作技巧。在第 3 篇中，我们将会通过一个综合性的实例把前面所学的内容进行总结和融合。

本篇内容：
实例 12 制作社区绩效考核方案

通过这个综合实例，将学会 PowerPoint 演示文稿的美化、编排和动画制作等工作，包括：

1. 使用母版。
2. 设置动画。
3. 建立超链接。
4. 使用动作按钮。

实例 12　制作社区绩效考核方案

☞ **学习情境**

　　把绩效管理导入社区日常管理，使社区管理成为一个有筹划并注重目标实现的过程，以实际成绩来考核社区和衡量社区发展情形，对促进管理现代化和科学化具有不可替代的作用。为此，自由路社区经过多次研讨制订了一套符合社区实际情况的绩效考核方案。

☞ **编排效果**

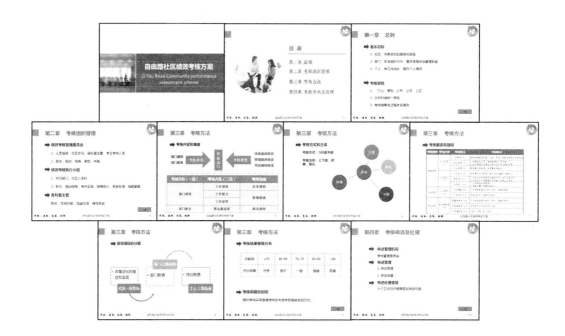

☞ **掌握技能**

　　通过本实例，将学会以下技能：
- 在母版中插入页眉和页脚。
- 在母版中插入图片和文本框。
- 为母版设置切换效果动画。
- 用复制幻灯片和对象的方法简化制作过程。
- 创建超链接。
- 创建动作按钮。

»☞ 使用母版统一幻灯片风格

　　用户通过设置幻灯片母版可以快速设置统一的幻灯片风格，特别是需要在演示文稿中的每一页幻灯片中的同一位置添加同一个对象时，使用母版省去了重复编辑的麻烦。幻灯片母版的设置方法与设置普通幻灯片类似，主要包括背景样式、文字字体和图片等对象的设置。

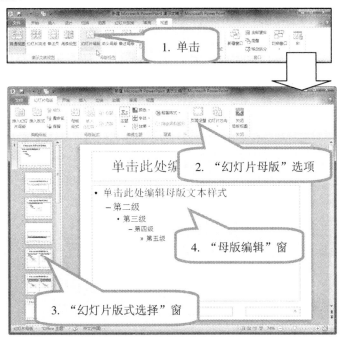

1. 启动 PowerPoint，在新建演示文稿中，单击"视图"选项卡→"母版视图"组→"幻灯片母版"按钮，进入幻灯片母版视图。
2. 在幻灯片母版视图中，上方为"幻灯片母版"选项卡，可以通过该选项卡中的命令对母版进行样式设置。
3. 左侧为"幻灯片版式选择"窗格，用来选择要进行格式设置的版式。
4. 右侧为"母版编辑"窗格，用来进行格式设置。

5. 在"幻灯片版式选择"窗格中选择第一个版式，并在"母版编辑"窗格中删除该版式中的标题框和正文框。

🔊　第一个版式为总版式，在其中插入的对象会自动出现在它所包含的所有版式中。

◀213▶

首先对总版式进行设置，如插入社区标志、插入文本等，这些插入的对象会自动出现在所有的版式中，节省了设置母版的时间。如果某一版式需要插入的对象和总版式不同，只需对该版式单独进行调整即可。

1. 在第 1 张母版总版式中，单击"插入"选项卡→"图片"按钮，从计算机中选择插入社区标志图片并调整其大小和位置。
2. 单击"插入"选项卡→"形状"按钮，并在下拉列表中选择"矩形"。按住"Shift"键并拖动鼠标绘制一个正方形。
3. 在"绘图工具格式"选项卡中，通过"形状填充"和"形状轮廓"命令分别设置"浅蓝"色填充和"无轮廓"。

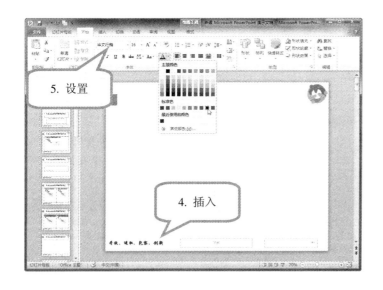

4. 单击"插入"选项卡→"文本框"按钮，插入 1 个横排文本框并输入内容。
5. 在"开始"选项卡→"字体"组中，设置文本框中文字格式为"华文行楷"、"16"、"深蓝"。

　　在母版中也可以插入页脚和页眉，并对页脚和页眉的格式进行设置。设置后演示文稿中每插入一张幻灯片都会有相同格式的页眉和页脚，免去了逐一设置格式的麻烦。

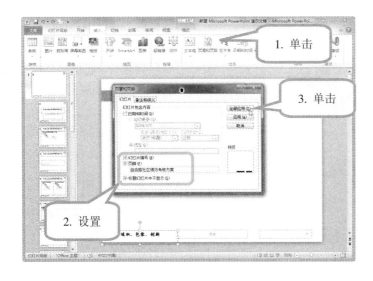

1. 单击"插入"选项卡→"页眉和页脚"按钮，打开"页眉和页脚"对话框。

2. 在对话框中，选中"幻灯片编号"、"页脚"和"标题幻灯片中不显示"3个选项，并在页脚文本框中输入页脚内容。

3. 单击"全部应用"按钮。

　　对于幻灯片风格有区别的大型演示文稿，可以单击"幻灯片母版"选项卡→"插入幻灯片母版"按钮插入多个母版。

4. 按住"Ctrl"键，单击鼠标左键组合选中"页脚"和"页码"2个文本框。

5. 在"开始"选项卡→"字体"组中，设置文本框中文字格式为"微软雅黑"、"14"、"深蓝"。

　　设置好母版总版式的样式后，还需要对作为封面的标题幻灯片进行单独的设计，可以在"幻灯片版式选择"窗格中选择第 2 张"标题幻灯片版式"来进行设置。

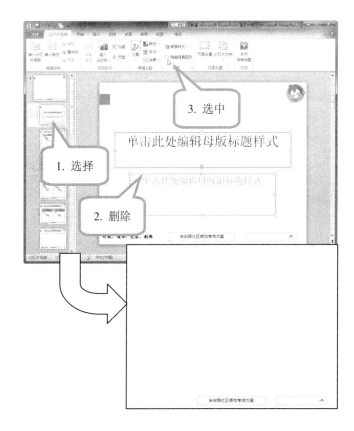

1. 在"幻灯片版式选择"窗格中，选择第 2 张"标题幻灯片版式"。

2. 删除主标题和副标题文本框。

3. 在"幻灯片母版"选项卡→"背景"组中，选中"隐藏背景图形"选项。

　　🔊 勾选"隐藏背景图形"选项，可以使总版式中插入的对象不在标题幻灯片版式中显示。

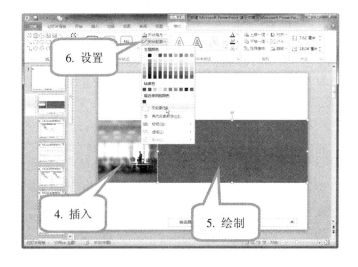

4. 单击"插入"选项卡→"图片"按钮，插入素材图片并调整大小和位置。

5. 单击"形状"按钮并选择"矩形"。绘制矩形并调整大小和位置。

6. 在"绘图工具格式"选项卡中，设置矩形的填充色为"蓝色"，轮廓为"无轮廓"。

»☞ 制作标题幻灯片

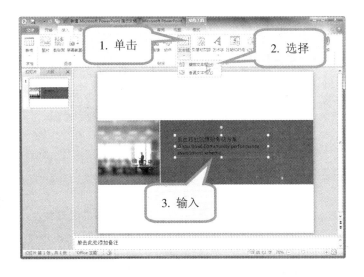

1. 单击"插入"选项卡→ "文本"组→"文本框" 按钮。

2. 在下拉列表中，选择"横 排文本框"项。

3. 在文本框中输入如图所 示的内容。

4. 选中文本框中第一行的 汉字。

5. 在"开始"选项卡→"字 体"组中，设置文字格 式为"微软雅黑"、"36" 号、"加粗"、"白色"。

6. 选中文本框中所有英 文，设置文字格式为 "Calibri"、"28"号、"白 色"。

7. 单击"开始"选项卡→ "新建幻灯片"按钮。

8. 在下拉列表中选择"空 白"版式，创建第 2 张 幻灯片。

»☞ 制作"目录"幻灯片

"目录"幻灯片用来向观众展示整个演示文稿内所包含的内容，社区绩效考核方案包括：总则、考核组织管理、考核方法、考核申诉及处理。

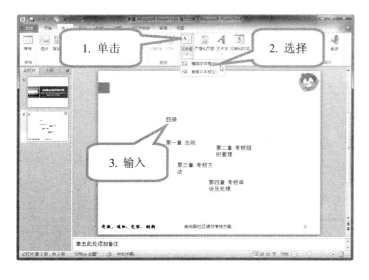

1. 选中第 2 张幻灯片，单击"插入"选项卡→"文本框"按钮。

2. 在下拉列表中，选择"横排文本框"。

3. 在文本框中输入"目录"。重复上述步骤，再插入 4 个文本框，并分别输入如图所示的文本内容。

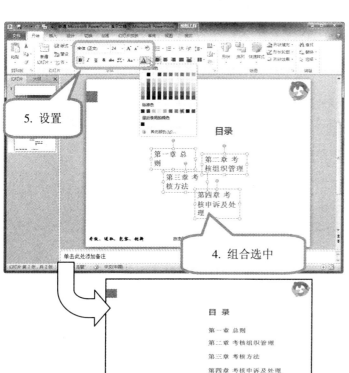

4. 按住"Shift"键不放，单击鼠标左键依次选中除"目录"外其余 4 个文本框。

5. 在"开始"选项卡→"字体"组中，分别设置字体为"宋体"、字号为"24"、"加粗"、"蓝色"。

重复上述步骤，设置"目录"二字格式为"微软雅黑"、"28"、"加粗"、"蓝色"。

调整各文本框的大小和位置后的效果如图所示。

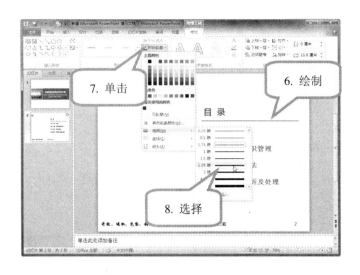

6. 单击"插入"选项卡→"形状"按钮，在下拉列表中选择"直线"并在幻灯片中绘制一条直线。

7. 单击"绘图工具"→"格式"选项卡→"形状轮廓"按钮。

8. 在下拉列表中设置直线颜色为"蓝色"，粗细为"2.25 磅"。

9. 单击"插入"选项卡→"图片"按钮，从计算机中选择插入素材图片。

10. 在"图片工具"→"格式"选项卡→"图片样式"组中，将插入图片设置为"柔化边缘椭圆"样式。

目　录

第一章 总则

第二章 考核组织管理

第三章 考核方法

第四章 考核申诉及处理

调整图片大小和位置后的效果如图所示。

»☞ 制作"总则"幻灯片

在"总则"幻灯片中，以纯文本的形式阐述了社区实行绩效考核要实现的基本目标以及考核的原则。

1. 单击"开始"选项卡→"新建幻灯片"按钮，插入第 3 张"空白"版式幻灯片。

2. 单击"插入"选项卡→"文本框"按钮，在幻灯片中插入 2 个横排文本框。

3. 分别在 2 个文本框中输入如图所示的内容。

4. 分别设置 2 个文本框中文字的格式。标题格式为"微软雅黑"、"28"、"加粗"、"蓝色"。正文格式为"微软雅黑"、"18"（正文标题为"20"、"深蓝"）。

5. 选中正文文本框，并单击"段落"组右下角的 按钮。

6. 在打开的"段落"对话框中，设置行距为"固定值 40 磅"。

调整 2 个文本框在幻灯片中的位置后效果如图所示。

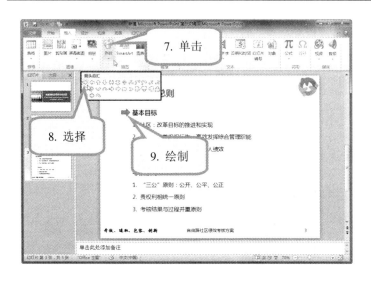

7. 单击"插入"选项卡中的"形状"按钮。

8. 在下拉列表中,选择"箭头总汇"中的"右箭头"形状。

9. 在正文标题左侧绘制一个右箭头形状。

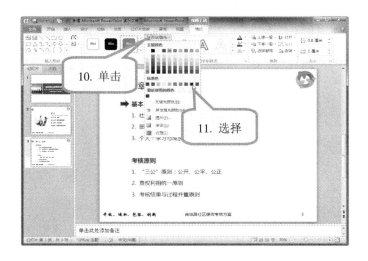

10. 单击"绘图工具"→"格式"选项卡→"形状填充"按钮。

11. 在下拉列表中,为右箭头形状选择"深蓝"填充色。

在幻灯片如果需要插入多个相同的形状,可以选中该形状后按住"Ctrl"键并用鼠标拖动,实现复制该形状的目的。

12. 选中设置好的右箭头形状。

13. 按住"Ctrl"键不放,鼠标拖动右箭头将其移动到正文第 2 个标题左侧,松开鼠标完成箭头的复制。

»☞ 制作"考核组织管理"幻灯片

"考核组织管理"幻灯片阐述了为更好地贯彻实行社区绩效考核方案而建立的考核组管理方式。它采用了与"总则"幻灯片相同的形式，可以通过复制幻灯片并修改内容的方式简化幻灯片的制作。

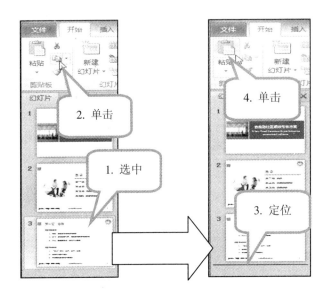

1. 在"幻灯片"窗格中选中第 3 张幻灯片。

2. 单击"开始"选项卡→"复制"按钮。

3. 鼠标单击"幻灯片"窗格中第 3 张幻灯片下方空白处进行定位。

4. 单击"粘贴"按钮，完成幻灯片的复制。

5. 在通过复制第 3 张幻灯片得来的第 4 张幻灯片内，修改标题文本框中的内容为"第二章 考核组织管理"。

6. 修改正文文本框中的内容。新添加的内容可以使用"格式刷"来统一格式。

7. 复制第 3 个右箭头形状。

»☞ 制作"考核方法"幻灯片

"考核方法"幻灯片共有 5 页，内容包括：考核内容和维度、考核方式和主体、考核要素和指标、绩效指标的分解，以及考核结果等级分布和考核周期。幻灯片的制作需要涉及自选图形、表格、SmartArt 图形等操作。

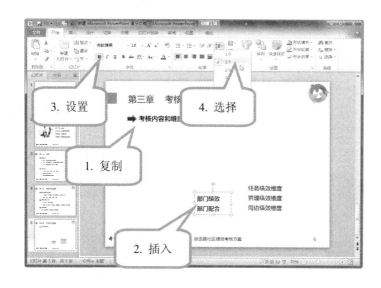

1. 复制前页幻灯片中格式相同的对象到第 5 张幻灯片，并修改其内容。
2. 插入 2 个文本框并输入内容。
3. 设置 2 个文本框中字体格式为"微软雅黑"、"18"、"深蓝"（"深红"）。
4. 单击"行距"按钮，设置 2 个文本框均为"1.5"倍行距。

对于一些反复出现在多个幻灯片中格式相同的对象，可通过复制并修改内容的方法快速完成，简化幻灯片制作过程。

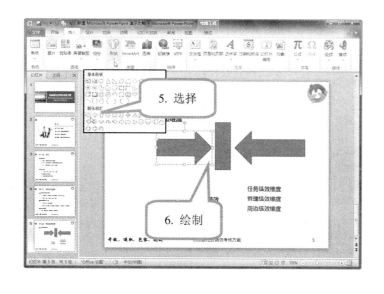

5. 单击"插入"选项卡→"形状"按钮，并选择"右箭头"。

6. 在幻灯片中绘制右箭头。重复上述步骤，插入"矩形"和"左箭头"。

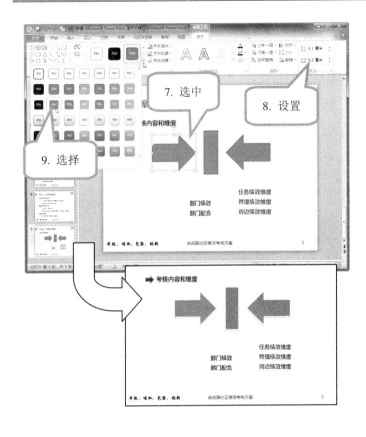

7. 选中右箭头图形。

8. 在"绘图工具"→"格式"选项卡→"大小"组中，设置图形高度为"4.1 厘米"，宽度为"5.2 厘米"。

9. 单击"形状样式"组右侧 ⏷ 按钮，并在下拉列表中选择如图所示的图形样式。

　　重复上述步骤，设置矩形高度为"5 厘米"，宽度为"1.7 厘米"。左箭头和右箭头相同。

　　调整相互位置后效果如图所示。

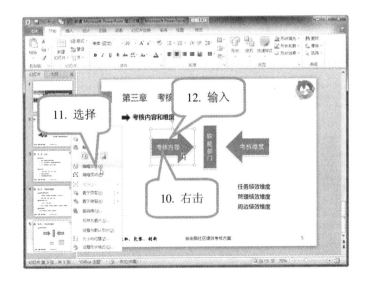

10. 右键单击右箭头图形。

11. 在弹出菜单中选择"编辑文字"命令。

12. 在图形中输入"考核内容"。重复上述步骤，分别为矩形和左箭头添加文本。

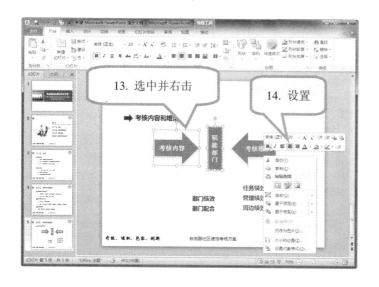

13. 组合选中 3 个图形，并单击鼠标右键。

14. 在弹出的格式工具栏中，设置图形中的字体格式。

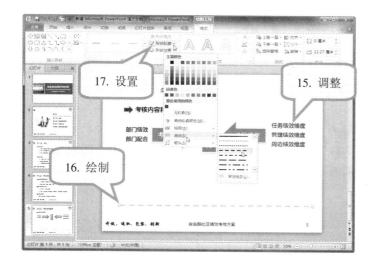

15. 调整 2 个文本框的位置。

16. 单击"插入"选项卡→"形状"按钮，选择绘制一条直线。

17. 通过"绘图工具"→"格式"选项卡→"形状轮廓"命令，设置直线颜色为"白色，深色 25%"，粗细为"4.5 磅"，线形为"短划线"。

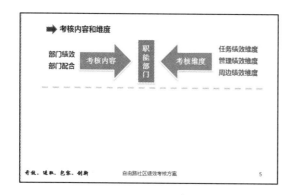

调整直线位置后效果如图所示。

在直线的下方插入一个表格，用来具体说明考核内容和考核维度。

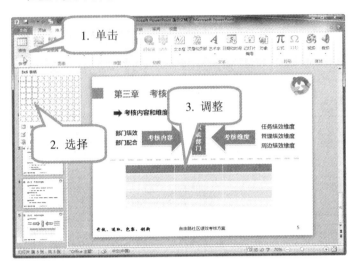

1. 单击"插入"选项卡→"表格"按钮。

2. 在下拉列表中，选择插入表格的行数和列数(5行3列)。

3. 调整表格在幻灯片中的位置。

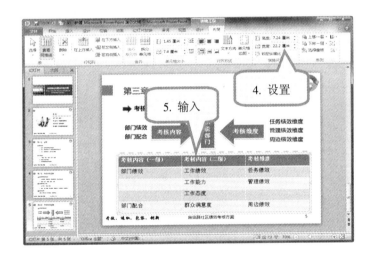

4. 在"表格工具"→"布局"选项卡→"表格尺寸"组中，设置表格高度为"7.24厘米"，宽度为"22.2厘米"。

5. 在表格中输入如图所示的内容。

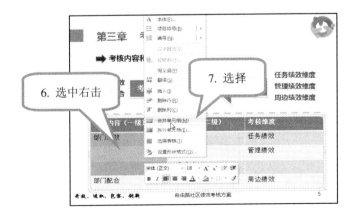

6. 选中"部门绩效"单元格及其下方2个单元格并单击鼠标右键。

7. 在弹出菜单中选择"合并单元格"命令。

　　将"管理绩效"单元格及其下方1个单元格也进行合并。

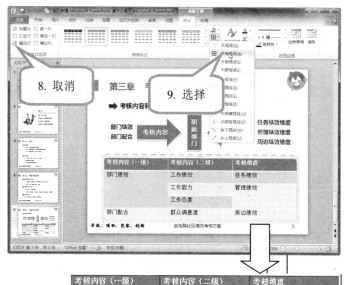

考核内容（一级）	考核内容（二级）	考核维度
部门绩效	工作绩效	任务绩效
	工作能力	管理绩效
	工作态度	
部门配合	群众满意度	周边绩效

8. 在"表格工具"→"设计"选项卡→"表格样式选项"组中，单击取消"镶边行"项的选中状态。

9. 单击"表格样式"组→"边框线"按钮，在下拉列表中选择"所有框线"。

效果如图所示。

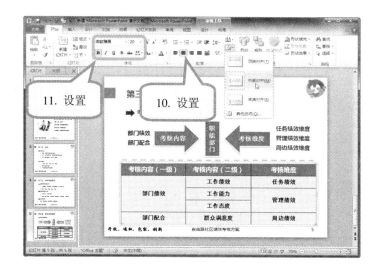

10. 选中整张表格，在"开始"选项卡→"段落"组中，设置表格内容水平和垂直方向都居中。

11. 在"字体"组中，设置表格第 1 行标题格式为"微软雅黑"、"20"、"加粗"，其余单元格文本格式为"宋体"、"18"、"加粗"。

"考核方法"的第 2 页幻灯片内容为"考核方式和主体",采用绘制自选图形的方式将考核主体之间的关系展示出来。

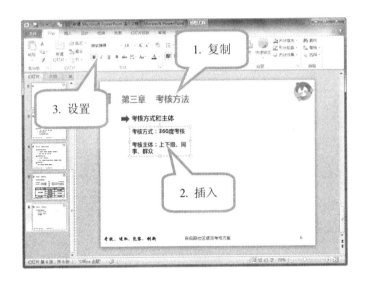

1. 复制前页幻灯片中格式相同的对象到第 6 张幻灯片,并修改其内容。

2. 插入 1 个横排文本框并输入内容。

3. 设置文本框中文字格式为"微软雅黑"、"18"、"加粗"、"深蓝"。

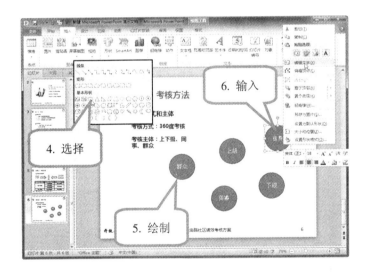

4. 单击"插入"选项卡→"形状"按钮,在下拉列表中选择"椭圆"。

5. 按住"Shift"键,拖动鼠标绘制圆形。

6. 右键单击圆形,在弹出菜单中选择"编辑文字"命令,输入文字。

为了使 5 个圆形的大小一致,可先绘制 1 个圆形并复制出其余 4 个。

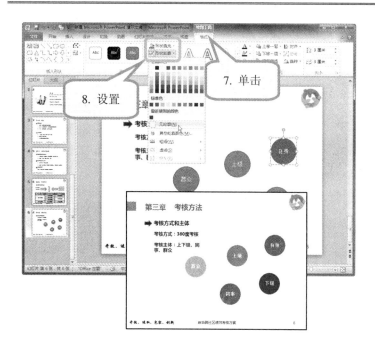

7. 选中任意一个圆形，单击"绘图工具"→"格式"选项卡。

8. 通过"形状填充"命令，设置填充色为"蓝色"；通过"形状轮廓"命令，设置为"无轮廓"。

　　重复上述步骤，分别为其余 4 个圆形设置填充色和轮廓。效果如图所示。

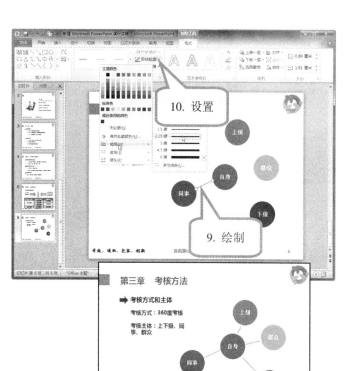

9. 调整 5 个圆形的位置后，单击"插入"选项卡→"形状"按钮，选择绘制一条直线段。

10. 在"绘图工具格式"选项卡中，单击"形状轮廓"按钮设置直线段的颜色为"深蓝，淡色40%"，粗细为"2.25 磅"。

　　复制其余 3 条直线段，并调整其长度和位置，效果如图所示。

"考核方法"的第 3 页幻灯片内容为"考核要素和指标",采用导入 Excel 表格文件的方式,将考核要素的具体内容和各要素在考核成绩总分中的权重详细的列举出来。

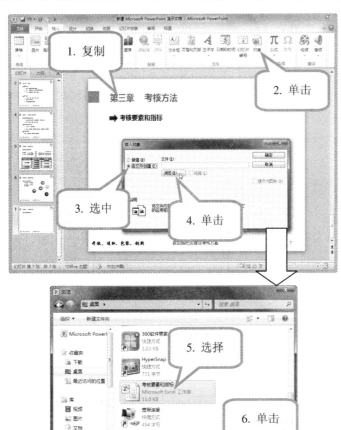

1. 复制前页幻灯片中格式相同的对象到第 7 张幻灯片,并修改其内容。

2. 单击"插入"选项卡→"对象"按钮。

3. 在打开的"插入对象"对话框中,选中"由文件创建"项。

4. 单击"浏览"按钮。

5. 在打开的"浏览"对话框中,定位并选择要插入的 Excel 文件。

6. 单击"确定"按钮。

　　插入表格时,若在"插入对象"对话框中选中"链接"项,则在 Excel 中修改表格中数据时,PowerPoint 中的数据也会随之改变。

　　调整导入表格的大小和位置,效果如图所示。

"考核方法"的第 4 页幻灯片内容为"绩效指标的分解",采用 SmartArt 图形来制作。

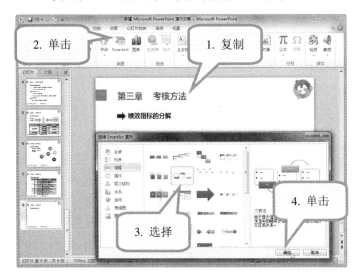

1. 复制前页幻灯片中格式相同的对象到第 8 张幻灯片,并修改其内容。

2. 单击"插入"选项卡→"SmartArt"按钮。

3. 在打开的"选择 SmartArt 图形"对话框中,选择"流程"中的"交替流"。

4. 单击"确定"按钮。

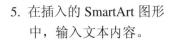
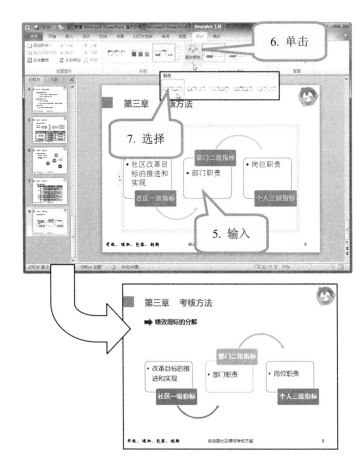

5. 在插入的 SmartArt 图形中,输入文本内容。

6. 选中整个 SmartArt 图形,单击"SmartArt 工具"→"设计"选项卡→"更改颜色"按钮。

7. 在下拉列表中选择"彩色-强调文字颜色"。

　　调整 SmartArt 图形的大小和位置,效果如图所示。

"考核方法"的第 5 页幻灯片内容包括"考核结果等级分布"和"考核周期和时间"两部分。其中,"考核结果等级分布"用表格来表述;"考核周期和时间"用纯文本来表述。

1. 复制前页幻灯片中格式相同的对象到第 9 张幻灯片,并修改其内容。

2. 单击"插入"选项卡→"表格"按钮,选择插入一个 2 行 6 列的表格。

3. 在表格中输入内容。

4. 插入文本框,并输入如图所示的内容。

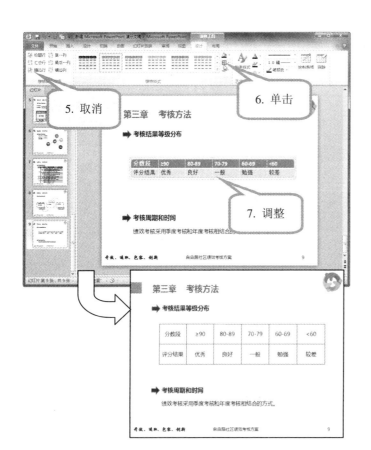

5. 选中整张表格,在"表格工具"→"设计"选项卡→"表格样式选项"组中,取消"标题行"和"镶边行"两个选项的选中状态。

6. 单击"表格样式"组→"边框"按钮,为表格添加黑色边框线。

7. 在"开始"选项卡→"段落"组中,调整表格内文本的对齐方式。

　调整表格大小和位置,效果如图所示。

»☞ 制作"考核申诉及处理"幻灯片

"考核申诉及处理"幻灯片以纯文本的形式说明了如果对考核结果有异议，可以向专门机构进行申诉，并说明了申诉流程。

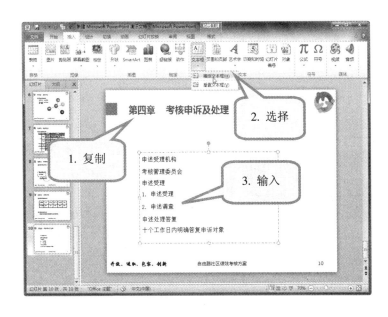

1. 复制前页幻灯片中格式相同的对象到第 10 张幻灯片，并修改其内容。

2. 单击"插入"选项卡→"文本框"按钮，选择插入横排文本框。

3. 在文本框中输入如图所示的内容。

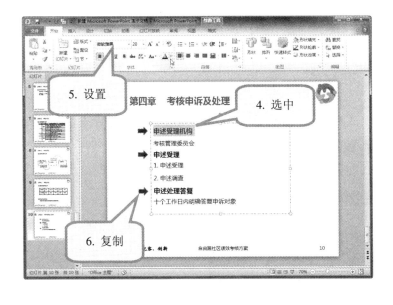

4. 选中文本框中的标题文字。

5. 在"开始"选项卡→"字体"组中，设置文字格式为"微软雅黑"、"20"、"加粗"、"深蓝"。

6. 从前页幻灯片中，将右箭头复制到本页并调整其位置。

»☞ 设置幻灯片动画效果

幻灯片制作完成后，还要为幻灯片中的文本、图片、图形等设置动画效果，以使幻灯片更加生动、活泼，更具观赏性。

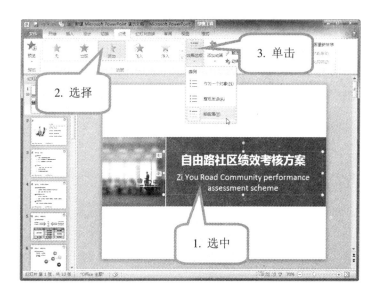

1. 选中第 1 张幻灯片中的文本框。

2. 在"动画"选项卡→"动画"组，为文本框选择"淡出"效果。

3. 单击"效果选项"按钮，并在下拉列表中选择"按段落"。

4. 单击"动画窗格"按钮。

5. 在打开的"动画窗格"中，单击文本框第 2 段英文部分动画右侧下拉箭头，选择"从上一项之后开始"选项。这样，英文会在中文出现后自动出现。

6. 选中第 2 张幻灯片中的图片，为其选择"轮子"效果。

7. 为"目录"文本框选择"飞入"效果。使用"动画刷"依次为其余文本框复制相同的动画效果。

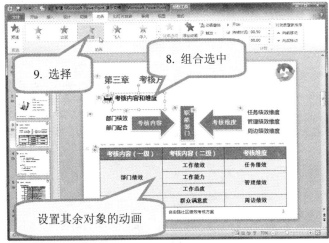

8. 按住"Shift"键组合选中第 5 张幻灯片中的右箭头和"考核内容和维度"文本框。

9. 为其选择"淡出"效果。

　　按上述步骤，分别设置形状组合、文本框组合及表格等对象的动画效果。

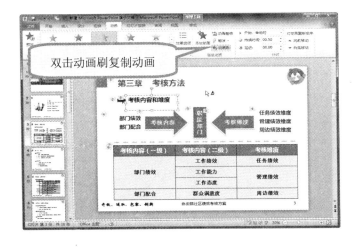

　　选中已设置动画的对象，双击"动画刷"按钮，将其动画效果复制到其余幻灯片的对象上。

　　整个演示文稿内的动画效果种类不要太多，否则会显得很乱。

☞ 设置幻灯片切换效果

为幻灯片中的对象设置好动画效果后，还可以对幻灯片的切换效果设置动画，缓解幻灯片切换时产生的单调感。

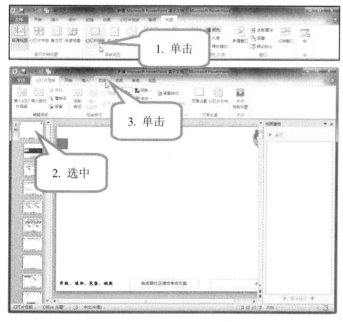

1. 单击"视图"选项卡→"幻灯片母版"按钮，进入母版视图。

2. 在母版视图中，选中母版总版式。

3. 单击"切换"选项卡。

🔊 在母版中设置切换效果，演示文稿内的所有幻灯片都会自动继承该效果。

4. 为母版总版式选择"推进"切换效果。

5. 单击"效果选项"按钮，在下拉列表中选择"自右侧"项。

6. 在"计时"组中，设置切换时的声音、持续时间和换片方式。

🔊 如果同时选中换片方式中的 2 个选项，则满足其一就切换到下一张幻灯片。

»☞ 创建超链接

在幻灯片中可以为文本或图片等对象创建超链接。创建超链接后，在放映幻灯片时可单击该对象，将页面跳转到链接所指向的位置。

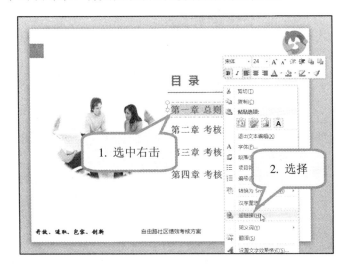

1. 在"目录"幻灯片中，选中"第一章 总则"文本框中的所有文字，单击鼠标右键。

2. 在弹出菜单中选择"超链接"命令，打开"插入超链接"对话框。

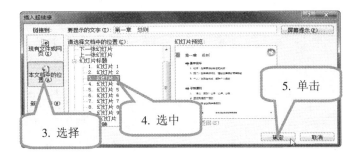

3. 在"链接到"栏中选择"本文档中的位置"。
4. 在"请选择文档中的位置"栏，选中要指向的幻灯片。
5. 在"幻灯片预览"窗口查看指向内容无误后，单击"确定"按钮。

按照上述方法，依次为其余 3 个章节创建超链接。创建后文本下方将出现下划线，效果如图所示。

为目录创建超链接后，在放映幻灯片时可以非常快速的跳转到指定的幻灯片。但是，用户会发现跳转过去之后却无法返回到"目录"幻灯片，这时就可以通过创建动作按钮实现返回的功能。

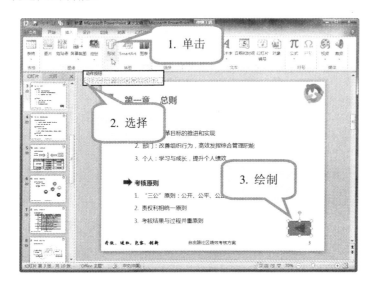

1. 选中第 3 张幻灯片，单击"插入"选项卡→"形状"按钮。

2. 在下拉列表中，选择"动作按钮"中的"后退"。

3. 在幻灯片中合适的位置绘制动作按钮。

🔊 选中设置了超链接的对象，单击鼠标右键选择"取消超链接"命令可删除添加的超链接。

4. 在自动弹出的"动作设置"对话框中，选中"超链接到"项，并单击右侧箭头从中选择"幻灯片"选项。

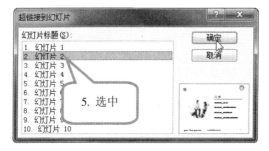

5. 在打开的"超链接到幻灯片"对话框中，选中"幻灯片 2"，确认无误后单击"确定"按钮。

将动作按钮分别复制到 4、9、10 三张幻灯片中。

»☞ 排练计时并放映幻灯片

完成演示文稿的制作后，开始对其进行排练计时，并放映观看幻灯片。

1. 选中第 1 张幻灯片。

2. 单击"幻灯片放映"选项卡→"排练计时"按钮。

进入排练计时放映状态，根据具体情况进行排练，通过单击鼠标进行幻灯片放映操作。

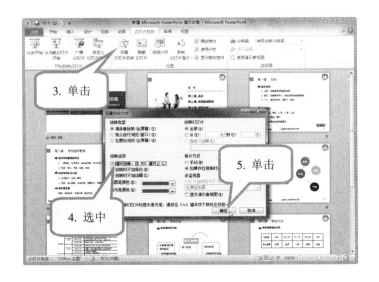

3. 单击"幻灯片放映"选项卡→"设置幻灯片放映"按钮。

4. 在打开的"设置放映方式"对话框中，选中"循环放映，按 Esc 键终止"复选框。

5. 单击"确定"按钮。